数学の基本
やりなおしテキスト

小林敬子
Keiko Kobayashi

松原 望
Nozomu Matsubara

はじめに

　人は、本質的に年を取りたくはありませんし、なるべくなら美しく生きたい、スタイルも美しく保ちたいと思うものです。しかし、見かけを重視する一方で、心はどうでしょう。心が壊れては、楽しい人生が成り立ちません。大事なことは、体と心の両方のバランスをとって生きることです。

　同じことを繰り返す生活を送り続けると、脳の働きが鈍る、とは昔から言われてきたことです。私たちの脳は同じことを繰り返していると学習の慣れが生じ働きが下がるそうです。

　最近ブームになっている話題に「脳年齢」という言葉があります。心を健康に保つには、額のすぐ裏にある「前頭前野」を刺激することが重要で、脳の慣れを起こさない例外が「数を扱う」「文字を扱う」行為だそうです。日本人には昔から、「習うより慣れろ」「門前の小僧」ということわざがあり、江戸時代には庶民は寺子屋でイロハを、武士は藩校で字も読めない幼い子どもたちに、漢文の素読をさせてきました。意味がわからなくとも、声を出して読んでいくうちに自然と言葉を覚え、その意味が理解できるようになったのだそうです。脳にも良い刺激を与えた

ことでしょう。

　東北大学の川島隆太教授によると前頭前野は、「文章の音読」と「単純な計算」により活性化されるそうです。本書を使って、脳年齢を若返らせてください。ぜひ、問題にチャレンジして、脳を活性化させましょう。

　本書は上智大学、日本女子体育大学など、いくつかの大学で行った講義内容をもとにしています。主に松原が方向性およびチャレンジ問題を、小林が問題、ひと口話などを作成した共同執筆であり、正則高校の穂積誠氏の助力を得て完成したものです。ここに深く感謝致します。また学生の授業、就職対策だけではなく、団塊の世代を含む大人、社会人・一般人が楽しみながら読み進められる本にしたいとの提言をされ、興味を持って編集を進めてくださったベレ出版の安達正氏に心より御礼申し上げます。

　　　　　　　　　　　　　　　　　　　　　　　　小林　敬子
　　　　　　　　　　　　　　　　　　　　　　　　松原　望

はじめに

本書の使い方

　説明部分は省き、問、【問題】および頭の体操だけを解いていくのも一つの方法です。理解しづらい内容は、じっくりと全てを読んでください。身近な例を用いて説明しています。**例**、**問**の答はすみやかに確認できるように右側に小さく表示しています。【問題】の答はテキストの最後です。なるべく自力で解いてから答を合わせてください。問題を解くにしたがって脳が若返っていくことでしょう。退屈しないで読み進められるように、問題の登場人物をユニークにしました。また、ひと口話を息抜きタイムとして入れました。遊び心のある真面目な本です。寝る直前に行ったことが脳に一番インプットされるという実験があるそうですから、眠れない夜に読む本としても利用してください。寝ている間に脳が活性化されますように。

第0章　今、数学とは

1）数学は文明の発祥の頃生まれた

　エジプト、メソポタミア、インダス、中国という4つの大河流域で古代文明が誕生し繁栄しました。

　古代エジプトはナイル川の恵みを受けながら3000年にわたって繁栄しましたが、ナイル川はしばしば氾濫したのです。川の氾濫は、肥沃で実り豊かな大地を作り、豊かな収穫をもたらしたといわれています。しかし、一方で誰がどの土地を所有していたのかわからなくなり、当然のように争いが起こります。

　そこで、古代エジプトには「縄張り師」と呼ばれるプロの測量技師が活躍していました。縄や棒を使い、3辺の長さの比を3：4：5として直角を求め、この直角を作って、正方形や長方形の農地を決めていたそうです。この考え方を応用したものがピタゴラスの定理（直角三角形の定理）であり、土壌の区画整理を目的に数学が発展したわけです。

　エジプトと言えば「ピラミッド」ですが、ナイル川の氾濫の間、仕事を失う農民の力を集結することによりピラミッド建設が可能になったとも言えます。巨大な正四角錐を寸分の狂いもなく積み上げることは現代においても難しい技術です。

　古代エジプトの造営技術のすごさに「実は一度人類は滅亡したが、滅亡前の人類は今よりもっと高度な知恵、知識、技術を持っていた」という仮説があるほどです。

第 0 章　今、数学とは

奇跡の遺跡　ピラミッド

エジプトのピラミッドは、正確な四角錐になっています。

２）数学は他の学科の基礎である

　数学の考え方は理科や社会などの学習の基礎になるもので、数学がわかってはじめて理解できる自然現象や社会的な見方が少なくないのです。

　ナイルの氾濫は毎年同じ時期（日の出の直前に東の水平線にシリウスが現れる日）に起きたことから、天災を予言するために天文学が発達し、1年を365日に分けた太陽暦が作られました。

　また、今から約6000年前の紀元前4000年頃には、チグリス・ユーフラテス地方（現在のイラクの辺り）に都市文明を築いたシュメール人が、円を360度に分割、1年を12カ月、1日を24時間、1時間を60分、1分を60秒と定めています。これは、大自然の移ろいを細かく観察したことによる人類の知恵の実りです。星を観察し、月の満ち欠けを記録することにより得られた知識であるとも言えます。食物の種をまく時期を知り、船が進む方向を知ったのも、星を観察した結果です。

　イギリスの小学生が遠足でよく訪れるストーンヘンジ（遺跡）は、約5000年前の巨大な時計ですが、巨石60個を配置し、夏至、冬至、日の出、

月の入りを正確に観測するために用いられていました。その意味を教えてもらい、高校生くらいになり遠足に行けば楽しめるでしょうが、小学生にとっては、あまりに大きな、ただの石が並んでいるだけの、あくびの出そうな殺風景な場所のようです。

不思議な遺跡 ストーンヘンジ

　世界中から観光客が絶えないストーンヘンジは、古代人が時刻を定めるのに使いました。

目 次

はじめに …………………………………………… 3
第0章　今、数学とは ……………………………… 6

第1章　国語力が基本
　1.1　国語力 …………………………………… 13
　1.2　文章の数式化 …………………………… 14

第2章　数の計算
　2.1　数 ………………………………………… 15
　2.2　式の計算とその準備 …………………… 19
　2.3　素数 ……………………………………… 22
　2.4　最小公倍数 ……………………………… 24
　2.5　最大公約数 ……………………………… 26
　2.6　章末問題 ………………………………… 27

第3章　代数の基礎
　3.1　ギリシャ文字 …………………………… 31
　3.2　分数と比率 ……………………………… 32
　3.3　逆数 ……………………………………… 35
　3.4　分数によるわり算 ……………………… 35
　3.5　文字の基本の表し方 …………………… 36
　3.6　指数の法則 ……………………………… 37
　3.7　文字式の利用 …………………………… 39
　3.8　単位 ……………………………………… 40
　3.9　章末問題 ………………………………… 41

第 4 章　頭の体操 ❶ …脳の活性化

4.1　植木算 …………………………………… 43

4.2　鶴亀算 …………………………………… 44

4.3　流水算 …………………………………… 48

4.4　仕事算 …………………………………… 49

4.5　水槽算 …………………………………… 51

4.6　年齢算 …………………………………… 53

4.7　損益算 …………………………………… 54

4.8　旅人算 …………………………………… 55

4.9　濃度 ……………………………………… 56

4.10　時計算 ………………………………… 57

第 5 章　10進法と 2 進法

5.1　10進法のなり立ち ……………………… 63

5.2　2 進法とは ……………………………… 64

5.3　10進法から 2 進法への変換 …………… 64

5.4　2 進法から10進法への変換 …………… 66

5.5　2 進法と10進法の対照表 ……………… 67

5.6　2 進法の計算 …………………………… 68

5.7　スイッチ回路 …………………………… 70

5.8　章末問題 ………………………………… 73

第 6 章　図形を測る

6.1　点・直線・曲線 ………………………… 75

6.2　次元 ……………………………………… 77

6.3　平面図形と立体図形 …………………… 79

6.4　章末問題 ………………………………… 86

目　次

第7章　方程式と不等式
- 7.1　1次不等式と数直線 …………… 89
- 7.2　1次方程式　およびグラフ、領域 … 91
- 7.3　2次方程式　およびグラフ、領域 … 96
- 7.4　多項式の展開と因数分解 …………101
- 7.5　章末問題 …………………………104

第8章　連立方程式
- 8.1　連立方程式とは ………………………107
- 8.2　連立方程式の解法 ……………………108
- 8.3　章末問題 ………………………………110

第9章　頭の体操 ❷…簡単なようで頭をひねる
- 9.1　方程式 …………………………………111
- 9.2　不等式 …………………………………113
- 9.3　数列 ……………………………………114
- 9.4　組合せ …………………………………116
- 9.5　虫食い算 ………………………………118

第10章　集合
- 10.1　集合とは ……………………………119
- 10.2　部分集合・ベンの図表・補集合
　　　 ………………………………………121
- 10.3　章末問題 ……………………………127

第11章　論理と推論
- 11.1　命題とその条件 ……………………129
- 11.2　条件文の逆、裏、対偶 ……………130

　　　　11.3　論理演算 ……………………………… 135
　　　　11.4　論理、推論に関する問題 ………… 138
　　　　11.5　章末問題 ……………………………… 142

　第12章　確率
　　　　12.1　確率とは ……………………………… 145
　　　　12.2　相対頻度 ……………………………… 146
　　　　12.3　事象の確率 …………………………… 146
　　　　12.4　2つの事象の組合せ ………………… 147
　　　　12.5　樹形図 ………………………………… 148
　　　　12.6　予測度数 ……………………………… 149
　　　　12.7　章末問題 ……………………………… 150

　第13章　頭の体操❸…理論で突破
　　　　13.1　論理パズル …………………………… 153
　　　　13.2　確率・比率 …………………………… 156
　　　　13.3　集合を考える ………………………… 159

　第14章　頭の体操❹…表の読み取り
　　　　14.1　表の読み取り ………………………… 163

　補　章
　　　　15.1　その他の進法 ………………………… 167
　　　　15.2　無限集合を考える …………………… 168

　問題の答 ……………………………………………… 173

第1章　国語力が基本

数学を理解する前に、国語力が無ければ応用がきかない。

1.1　国語力

　コンビニやスーパーでの話です。買い物をすませて900円の商品に1000円札を出すと"1000円からお預かりします"と返事がくることがあります。しかしこの「…から」の表現は変ではないでしょうか。また1000円である商品に、きっかり1000円札を渡すと"1000円からお預かりします"あるいは"1000円お預かりします"と返事がきます。「おつりは無いはずだが、しかし、あるのかな」と思いながら待っていると、店員に怪訝な顔をされます。「やはりおつりは無いのだ」と思い返しますが、それなら"1000円頂きます"と言ってほしいものです。

　ではいったいこういった言葉の違いはどこから起きてくるのでしょうか。それは間違った言葉を聞いたとき、あるいは自分で使ったときに、変だと感じられないからです。その原因は、母親を主体とした幼児期の母国語の刷り込みがうまくいかなかったからなのです。**絶対語感**が貧弱なのでしょう（『わが子に伝える絶対語感』外山滋比古）。

1.2　文章の数式化

次の問題を考えてみましょう。

問題：犬を連れて入ることができる公園があります。噴水、鳩のえさ場、ブランコ、鉄棒は図のような配置となっています。滑り台は公園内のどこかにあり

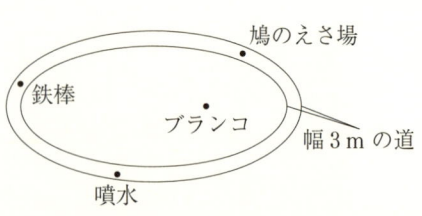

ます。散歩をしている犬の飼い主が噴水まで来たときに、連れている犬を放してやったところ、犬は滑り台まで走り、到着したとたんにすぐ引き返し、少し滑り台に近づいている飼い主のところに駆け寄り、またすぐ向きを変えて滑り台まで走り、すぐ引き返して、さらに滑り台に近づいた飼い主の元へ走り、また…と10分後に飼い主と犬が同時に滑り台に到着するまで繰り返しました。犬は時速24 km、飼い主は時速3.5 kmだったとすると、犬の走った距離は何kmになりますか。

この問題は一見面倒に見えますが、文章の最後から、犬の時速と、犬が10分走り続けたことがわかります。ですから、24÷6＝4 kmが答になります。

絶対語感

学力という総合力（パフォーマンス）の基礎をただ一つの学科で表すとすれば母国語の力です。全ての分野を理解するのに深く関わっているのが母国語です。まだ話すこともできない、耳から聴くだけの乳児期に、母親を中心とした周りの人々との関わりの中で身に付く国語が「マザータング」といわれるゆえんなのです。

第2章 数の計算

数は整数、分数、小数、正の数、負の数、有理数、無理数…と進む。この基礎的おさらいをしておこう。

2.1 数

私たちは「数」「数える」というとき、手の指を思い出します。

　　　一、二、三、四、五、六、七、八、九、十（本）

さらに多いときは

　　　十一、十二、十三、十四、…

この数え方は小学生でも知っている自然なもので、これらを「自然数」といいます。

自然数は一から始まり、一ずつ増えて無限に大きくなります。

ところで、この自然数には重要な数が含まれていません。「ゼロ」です。「無い」ことを示す数のことです。

実は、無いものを形に表すことはできないという考え方から「ゼロ（0）」は西洋でもずいぶん遅くなってから発明、あるいは発見されました（「0の発見」という言い方をすることがあります）。

このを使うと「十」は '10'と表されます。百は '100'、千は '1000' と表され、必要ならいくら大きい数でも 0 を重ねれば表すことができます。「無い」を表す '0' により、どんなに大きい数でも表すことができるところが面白いのです。そこで、'0' も入れて

$$0, 1, 2, 3, 4, 5, 6, 7, 8, 9, 10, 11, 12, \cdots$$

と数える場合、これを「0 あるいは正（プラス）の整数」または「負でない整数」あるいは「0 以上の整数」といいます。

正の整数 = 自然数 です。

足し算の次に考える式は引き算です。2つの数があるとき、小さな数から大きな数を引くと負の数となります。そこで、「0 あるいは負（マイナス）の整数」を考えることになります。正の整数、0、負の整数を全てあわせて「整数」とすることもあります。

「0 または正の整数」は 0 から始まり、1 ずつ増えていきますが、ここで、整数234の意味を考えましょう。

2、3、4 は

$$234 = (2 \times 100) + (3 \times 10) + (4 \times 1)$$

を示します。つまり、1、10、100と10倍ずつ進む数がそれぞれ 4、3、2 個あることが表されているのです。この表し方を10進法といい、4、3、2 の位置を「1 の位」「10 の位」「100 の位」といいます。「位（くらい）」とは桁（けた）のことです。もう一例いいますと

$$405 = (4 \times 100) + (0 \times 10) + (5 \times 1)$$

で、この場合は10の位に数字がないことがはっきりと示されています。「四百五」といってもよいのですが10の位がない（あっても 0 である）ことが '405' でははっきりしています。日本式の表し方を「漢数字」、西洋式234、405のような表し方を「アラビア数字」といい、アラビア数字が用いられます。

整数どうしのかけ算は 4×5＝20 のように、再び整数が従いますが、1 を 2 で割る（1 を 2 個に分ける）と $\frac{1}{2}$ つまり 0.5 になり、整数にはなりません。4 を 5 で割る（4 万円を 5 つに分ける）と、もちろん 1 万円以下の 0.8 万円（8000 円）になり、これも整数にはなりません。

ここで、私たちは整数でない数があることを知ります（あるいはそれを「考え出します」）。つまり

$$4 \div 5 = \frac{4}{5} \quad (5 分の 4)$$

のように。そこで、a, b を整数として $\frac{a}{b}$ のような新しい数を「分数」といいます。先に見たように、

$$\frac{4}{5} = 0.8$$

ですが、このように 1 以下の部分（点．の右に書く「はんぱ」の部分）がある数のことを「小数」といいます。分数は小数になり、また小数は分数になることから、表し方の違いがあるものの、分数と小数は'同じもの'と考えてさしつかえないでしょう。分数、小数、および百分率表示、歩合のどの表示であっても的確な量を把握することが肝要となります。例えば $0.25 = \frac{1}{4} = 25\% = 2$ 割 5 分であることをきちんと理解しておきたいものです。

数値	百分率	歩合
1	100%	10割
0.1	10%	1割
0.01	1%	1分
0.001	0.1%	1厘
0.0001	0.01%	1毛

問1．2割5分3厘を百分率で表しましょう。

【答】25.3%

問2．定価4000円の3割3分引きの商品はいくらになりますか。

【答】 $4000 - 4000 \times 0.33 = 2680$ 円
または $4000 \times 0.67 = 2680$ 円

シュメールの数字

チグリス川とユーフラテス川の間（現在のイラクの辺り）に栄え、最古の都市文明を持っていたシュメール人は60進法を発明し、暦を作り、円周率や分数、方程式などの初等数学を知っていました。

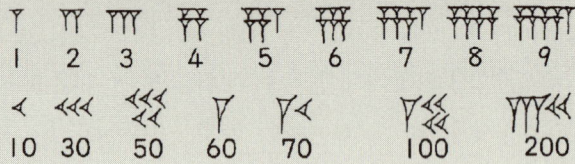

マヤの数字

紀元前3世紀頃中央アメリカの熱帯林の辺りでマヤ文明が発達しました。トウモロコシ、木の実が主食で、焼き畑農業や段々畑、湿地での農業を行っていました。特殊な暦も発達したこのマヤでは、1を表す点と5を表す棒を組み合わせる表記法を用いて数を表していました。マヤの数字体系は20進法であり、零の概念も既に持っていたようです。

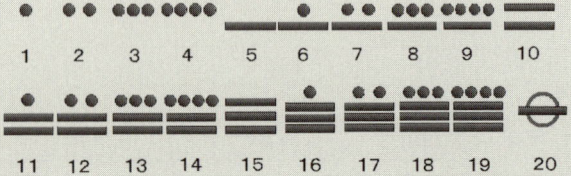

2.2 式の計算とその準備

たし算、ひき算、かけ算、わり算

算数でおなじみのこの4種の計算を**四則**（しそく）といいます。むずかしい言い方では加法、減法、乗法、除法といい、これらの結果を和（わ）、差（さ）、積（せき）、商（しょう）といいます。

0を基準とした数量の表し方

日本では温度を示すのに摂氏を用います。水が凍る温度である0℃を基準に、0℃より2℃低い温度は、−を使って−2℃と書き、「マイナス2℃」と読みます。0℃を基準に、それより5℃高い温度は、+を使って+5℃と書き、「プラス5℃」と読みます。+（プラス）は省略しても構いません。

+、−をこのように使うとき、+を正の符号、−を負の符号といいます。

正の数、負の数

+5, +3などのように、0より大きい数を正の数といい、−2, −5などのように、0より小さい数を負の数といいます。0は正の数でも負の数でもありません。整数には、正の整数、0、負の整数がありますが、正の整数を自然数ということは既に学びました。

符号を除いた数を「絶対値」といいます。−2, −5, +2, +3の絶対値はそれぞれ2, 5, 2, 3です。

数の大小

数直線で、0に対応する点を**原点**といい、数直線の右の方向を正の向き、左の方向を負の向きといいます。数直線上では右にあるほど大きい

数、左にあるほど小さい数です。

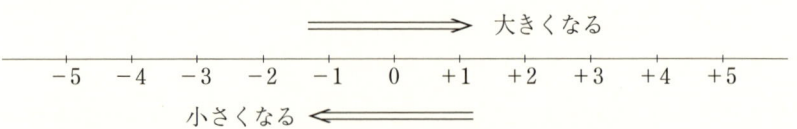

性質1．正の数は0より大きく、負の数は0より小さい。

性質2．正の数は負の数より大きい。

性質3．2つの正の数では、絶対値の大きい方が大きい。

性質4．2つの負の数では、絶対値の大きい方が小さい。

例えば−3、+4、−6の3つの数の大小を不等号を使って表せば−6＜−3＜+4となります。

次の6つの駅は東京からの距離を示したものです。

駅	東京	宇都宮	新白河	仙台	新花巻	盛岡	八戸
距離（km）	0	109.5	185.4	351.8	500	535.3	631.9

ここで、仙台を基準値として八戸の方向を正の向き、東京の方向を負の向きとして、正負で表すと次の表になります。

駅	東京	宇都宮	新白河	仙台	新花巻	盛岡	八戸
距離（km）	−351.8	−242.3	−166.4	0	148.2	183.5	280.1

● 計算の順序

式の計算を行うには、最初の計算をどこから行い、次にどうするかといった手順が決まっています。このルールにしたがって計算を行わないと、とんでもない計算違いになります。3^4、$(−5)^3$などのように、同じ数をかけ合わせる表示を**べき乗**といいます。

1）＋−の記号だけのとき、あるいは×÷の記号だけのときは、計算を左から順に行う。

2）＋−×÷（四則）の記号が混じるときは×、÷を先に行う。

3）（ ）があるとき、その中を先に行う。
4）べき乗があるとき、先に行う。

計算練習により、ルールを身につけましょう。

$5-(-2) \times 3 = 5-(-6) = 5+6 = 11$

$4-(-3) \times 5 = 4-(-15) = 4+15 = 19$

$(-3) \times 7 + 125 \div (-5^2) = -21 + 125 \div (-25) = -21 - 5 = -26$

$(-3)^2 + 3^3 \div (-9) = 9 + \dfrac{27}{-9} = 9 - 3 = 6$

$(-3)^2 + 27 \div (-3)^3 = 9 + \dfrac{27}{-27} = 9 - 1 = 8$

$5+(-2) = 5-2 = 3$　　　　　$-27 \div 9 = -3$

$(-4)+(-6) = -10$　　　　　$-27 \div (-9) = 3$

$6+(-4) = 6-4 = 2$　　　　　$(-8) \times 0 = 0$

$5-(-2) = 5+2 = 7$　　　　　$0 \div (-4) = 0$

$(-25) \div (-5) = 25 \div 5 = 5$　　$16 \div (4 \div 2) = 16 \div 2 = 8$

＊まず、かけ算、わり算の符号のルールがあります。

〈かけ算〉　　正(＋)× 正(＋)＝ 正(＋)
　　　　　　正(＋)× 負(－)＝ 負(－)
　　　　　　負(－)× 正(＋)＝ 負(－)
　　　　　　負(－)× 負(－)＝ 正(＋)

〈わり算〉　　正(＋)÷ 正(＋)＝ 正(＋)
　　　　　　正(＋)÷ 負(－)＝ 負(－)
　　　　　　負(－)÷ 正(＋)＝ 負(－)
　　　　　　負(－)÷ 負(－)＝ 正(＋)

両方が負（－）のとき、正（＋）になるところがポイントです。また負の符号（－）とひき算の記号（－）は同じことと考えてさし支えありません。たとえば -3 を引く計算では $-(-3) = +3$ です。

工夫して行う数の計算

ある特殊な計算は、工夫することにより簡単に答が求まります。時間の無駄使いをしないように、工夫ができるかどうか気をつけましょう。

例えば $99^2 = (100-1)^2 = 100^2 - 2 \times 100 + 1 = 10000 - 200 + 1 = 9801$ は $(a-b)^2$ の展開式を利用したものです。さらに、$67^2 - 33^2 = (67+33)(67-33) = 100 \times 34 = 3400$ および $103 \times 97 = (100+3)(100-3) = 100^2 - 3^2 = 10000 - 9 = 9991$ は、いずれも $(a+b)(a-b)$ の展開を利用したものです。

例1．$5342^2 - 5340 \times 5344 = 5342^2 - (5342-2) \times (5342+2)$
$$= 5342^2 - (5342^2 - 2^2) = 2^2 = 4$$

例2．$x+y=3, xy=-\dfrac{17}{2}$ のとき、x^2+y^2 の値を求めましょう。
$$x^2 + y^2 = (x+y)^2 - 2xy = 3^2 - 2 \times \left(-\dfrac{17}{2}\right) = 9 + 17 = 26$$

2.3 素数

1より大きい整数のうち、1と自分自身以外の整数では割り切れない整数を**素数**といいます。素数を求める方法として、古来有名なものに「エラトステネスのふるい」があります（エラトステネスはギリシャ時代の人の名）。その方法は、

1は素数とはしないので除外する。（意外と忘れやすいので注意しておく）

2を残して2で割り切れるものを除外する。

3を残して3で割り切れるものを除外する。

（4は除外されている）5を残して5で割り切れるものを除外する。

（6は除外されている）7を残して7で割り切れるものを除外する。

…のように進めていき、残った数が素数と考える方法です。結局 2, 3, 5, 7, 11, 13, 17, 19, 23, 29, 31, 37…が素数となります。2～100までの素数

第 2 章 数の計算

をエラトステネスの"篩（ふるい）"で求めてみます。

2 でふるいます（2 より大きい 2 の倍数を除きます）

	2	3	4	5	6	7	8	9	10		2	3		5		7		9
11	12	13	14	15	16	17	18	19	20	11		13		15		17		19
21	22	23	24	25	26	27	28	29	30	21		23		25		27		29
31	32	33	34	35	36	37	38	39	40	31		33		35		37		39
41	42	43	44	45	46	47	48	49	50 ⇒ 41		43		45		47		49
51	52	53	54	55	56	57	58	59	60	51		53		55		57		59
61	62	63	64	65	66	67	68	69	70	61		63		65		67		69
71	72	73	74	75	76	77	78	79	80	71		73		75		77		79
81	82	83	84	85	86	87	88	89	90	81		83		85		87		89
91	92	93	94	95	96	97	98	99	100	91		93		95		97		99

3 でふるいます（3×3, 3×5, 3×7, …と奇数倍を除きます）

	2	3		5		7		9		2	3		5		7		
11		13		15		17		19	11		13				17		19
21		23		25		27		29			23		25				29
31		33		35		37		39	31				35		37		
41		43		45		47		49 ⇒ 41		43				47		49
51		53		55		57		59			53		55				59
61		63		65		67		69	61				65		67		
71		73		75		77		79	71		73				77		79
81		83		85		87		89			83		85				89
91		93		95		97		99	91				95		97		

5 でふるいます（5×5, 5×7, 5×9, …と奇数倍を除きます）

	2	3		5		7				2	3		5		7		
11		13				17		19	11		13				17		19
		23		25				29			23						29
31				35		37			31						37		
41		43				47		49	41		43				47		49
		53		55				59			53						59
61				65		67			61						67		
71		73				77		79 ⇒ 71		73				77		79
		83		85				89			83						89
91				95		97			91						97		

7でふるいます（7×7, 7×9, 7×11, 7×13と奇数倍を除きます）

	2	3		5		7				2	3		5		7	
11		13				17	19		11		13				17	19
		23					29				23					29
31						37			31						37	
41		43				47	4̷9̷	⇒	41		43				47	
		53					59				53					59
61						67			61						67	
71		73				7̷7̷	79		71		73					79
		83					89				83					89
9̷1̷						97									97	

最後に残った数 2，3，5，7…97，つまり □ で囲んだ数が 1〜100 の素数です。

2.4　最小公倍数　LCM（Least Common Multiple）

　3, 6, 9, …のように、3 に整数をかけてできる数を 3 の倍数といい、4, 8, 12, …のように 4 に整数をかけてできる整数を 4 の倍数といいます。0 は倍数に入れないことと決まっています。12, 24, 36, …のように、3 と 4 の共通な倍数を 3 と 4 の**公倍数**といい、公倍数のうちで一番小さい数を**最小公倍数**といいます。例えば 2 つの数 (6, 9) の公倍数、および最小公倍数を求めるにはどうすればいいでしょうか。

　2 つの数 6, 9 でやってみましょう。共通の数で割って答をすべて掛けます。たとえば $\frac{3) 6 \quad 9}{\quad 2 \quad 3}$ より最小公倍数は、$3 \times 2 \times 3 = 18$ となります。この 18 およびこの 18 の 2 倍である 36、18 の 3 倍である 54 が公倍数です。最小公倍数はこの中の最小の数です。次に 3 つの数 (3, 4, 5) の最小公倍数を求めてみましょう。$3 \times 4 \times 5 = 60, 120, 180, …$が公倍数となり、最小公倍数は 60 です。これは簡単ですが、次はどうでしょう。

第 2 章　数の計算

例 1．(4, 6, 15) の最小公倍数を求めましょう。

割り算と異なり、割れない場合は数値をそのまま記します。これ以上割れなくなったら、割った数と答をすべて掛けます。

$$\begin{array}{r}2\,)\underline{4\quad 6\quad 15}\\3\,)\underline{2\quad 3\quad 15}\\2\quad 1\quad 5\end{array}$$ より最小公倍数は、$2\times 3\times 2\times 5=60, 120, 180, \cdots$ となります。

例 2．ある 3 桁の数は、3 で割ると 2 余り、4, 5, 6, 7, 8 のどの数で割っても 2 余ります。このような最小の数はいくつでしょうか。

(3, 4, 5, 6, 7, 8) の最小公倍数より 2 大きい数が求める数となります。ここで

$$\begin{array}{r}4\,)\underline{3\quad 4\quad 5\quad 6\quad 7\quad 8}\\3\,)\underline{3\quad 1\quad 5\quad 6\quad 7\quad 2}\\2\,)\underline{1\quad 1\quad 5\quad 2\quad 7\quad 2}\\1\quad 1\quad 5\quad 1\quad 7\quad 1\end{array}$$ より最小公倍数は $4\times 3\times 2\times 5\times 7=840$ です。

つまり、求める数はこれより 2 だけ大きい 842 です。

問 1．縦 6 cm、横 10 cm の長方形の紙を、同じ向きにすきまなく敷き詰めて正方形を作るとき

1）一番小さい正方形の 1 辺の長さは何 cm ですか。

【答】最小公倍数は 30 ですから、一番小さい正方形の 1 辺の長さは 30 cm

2）一番小さい正方形を作るのに、長方形の紙は何枚必要ですか。

【答】$(30\div 6)\times (30\div 10)=15$ 枚

問2．キャンディーがあります。3個ずつ取っていくと2個残り、4個ずつ取っていくと3個残り、5個ずつ取っていくと4個残りました。キャンディーは最初に何個ありましたか。100個より少ないことはわかっているとします。

【答】3−2＝1、4−3＝1、5−4＝1を利用します。
$3 \times 4 \times 5 - 1 = 59$個

※100個より少ないという条件が無い場合は、$3 \times 4 \times 5 (=60)$の倍数から1を引いた数が答となり、いくつもの答が求まることとなります。

2.5 最大公約数　GCM（Greatest Common Measure）

12は、1, 2, 3, 4, 6, 12で割り切れますが、この1, 2, 3, 4, 6, 12を、12の**約数**といいます。18は1, 2, 3, 6, 9, 18で割り切れ、この1, 2, 3, 6, 9, 18を18の約数といいます。1, 2, 3, 6のように12と18の共通な約数を12と18の**公約数**といい、公約数のうちで一番大きい数を**最大公約数**といいます。

例えば(12, 20)の公約数と最大公約数を求めるには、次のように考えます。12の約数は1, 2, 3, 4, 6, 12であり、20の約数は1, 2, 4, 5, 10, 20であることから、12と20の公約数は1, 2, 4となります。したがって、最大公約数は4です。次に、(28, 42)の公約数と最大公約数を求めてみましょう。28の約数は1, 2, 4, 7, 14, 28であり、42の約数は1, 2, 3, 6, 7, 14, 21, 42であることから、28と42の公約数は1, 2, 7, 14となり、最大公約数は14です。

例1．(15, 18, 30)の公約数と最大公約数を求めましょう。

1, 3が公約数であることから、最大公約数は3です。

例 2. 縦18 cm、横24 cm の長方形の紙に、同じ大きさの正方形の紙をすきまなく敷き詰めるとき、一番大きい正方形の1辺の長さは何 cm になりますか。正方形の紙は何枚必要ですか。

(18, 24) の公約数は1, 2, 3, 6であることから最大公約数は6。したがって6 cm の正方形となります。

縦18 cm ÷ 6 cm = 3、横24 cm ÷ 6 cm = 4 より　3 × 4 = 12

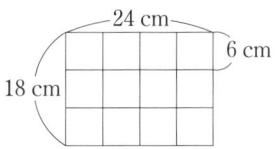

12枚の正方形が必要となります。

問 1. (15, 30) の最大公約数（GCM）を求めましょう。

　　　　　【答】 15 = 3 × 5、30 = 2 × 3 × 5 より最大公約数は 3 × 5 = 15

問 2. 16個のパンケーキと20個のフライドチキンを、1枚の皿にそれぞれ同じ個数ずつのせていきます。どちらも余りがでないように皿の数を最大にするには、何枚にすればよいでしょうか。

　　　　　【答】 16と20の最大公約数は4ですから、4枚

2.6　章末問題

【問題1】 0.1256を百分率と歩合で表しましょう。

【問題2】 3割4厘7毛を百分率で表しましょう。

【問題3】 300円の品物に消費税5％がつくと、この品物を買うのにいくら払わなければなりませんか。

【問題4】 定価の8歩引きが2208円である品物の定価はいくらですか。

【問題5】 日本語だけ話せる人が36人、英語だけ話せる人が48人います。それぞれ同じ人数に分かれ両方が入り交じったグループを作り、交流を図りたいと考えています。余る人がでないようにできるだけたくさんのグループを作るには、グループの数をどれだけにすればよいでしょうか。

【問題6】 苺があり3個ずつ取っていくと1個残り、5個ずつ取っていくと3個残り、7個ずつ取っていくと5個残りました。苺は最初に何個ありましたか。200個より少ないことはわかっています。

【問題7】 黒豆があります。3個ずつ取っていくと1個残り、6個ずつ取っていくと4個残り、7個ずつ取っていくと5個残りました。黒豆は最初に何個ありましたか。50個より少ないことはわかっています。

【問題8】 エラトステネスのふるいにより、2〜200間での素数を求めましょう。

答は P173

「ルート」の覚え方

「二乗」のことを「平方」ともいいます。$3^2 = 9$、$4^2 = 16$ですから、3の平方は9、4の平方は16です。ところで逆の問題で、5は何の平方でしょうか。2は何の平方でしょうか。つまり$○^2 = 5$、$□^2 = 2$となるもとの○や□は何でしょうか。この○、□を「5の平方根」「2の平方根」といいます。「根」は"こん"といいます。英語でもルート（root）といい、文字通り"もとのもの"を意味します。「ルーツ」といいますね。記号は$\sqrt{}$です。

平方根はピタリとした数字になりません。2の平方根$\sqrt{2}$は1.4142……で長々と（実際無限に）続きます。覚えてみましょう。

〈覚え方1〉

昔からよくいわれているものです。

$\sqrt{2}$：一夜一夜に人見頃（1.41421356）

$\sqrt{3}$：人並みに奢れや（1.7320568）

$\sqrt{5}$：富士山麓オウム鳴く（2.2360679）

$\sqrt{7}$：(菜) に虫いない（2.64575）　　※(菜)は$\sqrt{7}$にあたる

$\sqrt{10}$：(人丸は) 三色に並ぶ（3.1622）　　※(人丸)は$\sqrt{10}$にあたる
（ヒトマル）（ミイロ）

〈覚え方2（小数第3位まで）〉

三色スミレがかたわらに咲く露天風呂に入りながら、景色を見ている情景で覚えましょう。

$\sqrt{2}$：いよいよ始まるルートの計算（1.414）

$\sqrt{3}$：人並みに覚えよ（1.732）

$\sqrt{5}$：富士山麓（2.236）

$\sqrt{6}$：西よく晴れて（2.449）

$\sqrt{7}$：風呂よいな（2.645）

$\sqrt{10}$：みいろに咲く三色スミレ（3.162）

チャレンジ！

316^{316}はどんな数で終わるでしょうか。

```
        316
    ×   316
       1896
        316
        948
      99856
    ×   316
     599136
      99856
     299568
   31554496
    ×   316
  189326976
   31554496
   94663488
 9971220736
```

2乗、3乗、…何乗しても1の位は6

【答】6で終わります

第3章 代数の基礎

> 四則を学んだので次は重要な代数計算に入ろう。まず、分数、逆数、指数のルールなどを学んでこれからの準備をしよう。

3.1 ギリシャ文字

円周率 π（パイ）は皆さんもなじみがあることでしょう。数学によく用いられる記号はギリシャ文字からもとられています。ただし、使うことはあまりないので、最初はとばしてもいいです。

――― ギリシャ文字の小文字と大文字 ―――

α	A	アルファ	ι	I	イオタ	ρ	P	ロー
β	B	ベータ	κ	K	カッパ	σ	Σ	シグマ
γ	Γ	ガンマ	λ	Λ	ラムダ	τ	T	タウ
δ	Δ	デルタ	μ	M	ミュー	υ	Y	ウプシロン
ε	E	イプシロン	ν	N	ニュー	ϕ	Φ	ファイ
ζ	Z	ゼータ	ξ	Ξ	クシー	χ	X	カイ
η	H	エータ	o	O	オミクロン	ψ	Ψ	プサイ
θ	Θ	シータ	π	Π	パイ	ω	Ω	オメガ

ギリシャ語

英国は観光と語学校、語学校の生徒のホームステイで経済を潤している一面があります。語学校のクラスで、自国語で私語ばかりして授業を妨害するギリシャ人に "Why don't you speak English?（どうして英語で話さないの）" と尋ねたところ、プライド高く "Why don't you speak Greek?（どうしてギリシャ語で話さないの）" と返してきました。

パイロットに必修の語学である英語の力をつけるために、強制的に英語学校に送り込まれたイタリア人グループは、操縦する飛行機に万一のことが起きたらどうするのだろう、イタリア語でわめくのだろうか、と不安になるほど英語下手でした。しかし彼らは「英国のあちこちに残るローマ遺跡はすばらしい、ローマ帝国は偉大だ」と誇りにしていました。

こうなると、プライドとプライドの闘いです。

3.2 分数と比率

「分数」はラテン語の "fractus（broken）" から用いられた言葉でありしばしば "broken number" と呼ばれてきました。歴史的にはかなり長い間、整数の概念しかありませんでしたが、紀元前2000年にバビロニア（現在のイラクの辺り）で分数が発明されました。では、分数とは何でしょうか。分数とは全体をいくつかに分けたときのひとつ、あるいはいくつかのことです。

次の図は円を3つに分けたうちの1つ、および円を4つに分けたうちの1つを示しています。

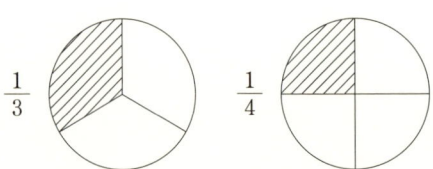

第 3 章　代数の基礎

次の図は円を 4 等分したうちの 3 つを示しています。

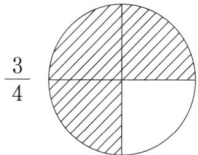
$\frac{3}{4}$

全体から 4 等分したうちの 3 つを取れば残りは 1 つ、つまり $\frac{1}{4}$ となります。これを $1-\frac{3}{4}=\frac{1}{4}$ と表します。

3 等分したものの、さらに 4 等分はいくつになるかを次の四角が表しています。

$$\frac{1}{3} \times \frac{1}{4} = \frac{1}{3 \times 4} = \frac{1}{12}$$

3 等分したうちの 2 個分をさらに 4 等分し、その 3 つを取ると

$$\frac{2}{3} \times \frac{3}{4} = \frac{2 \times 3}{3 \times 4} = \frac{1}{2}$$
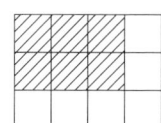

2 等分したうちの 1 個分をさらに 5 等分し、その 3 つを取ると、

$$\frac{1}{2} \times \frac{3}{5} = \frac{1 \times 3}{2 \times 5} = \frac{3}{10}$$

6 を 3 で割るとは、6 を 3 等分することです。したがって、$6 \div 3 = \frac{6}{3} = \frac{2}{1} = 2$ と表せます。また、14 を 3 で割ることは 14 を 3 等分することであり、

$$14 \div 3 = \frac{14}{3} = \frac{12+2}{3} = \frac{12}{3} + \frac{2}{3} = 4 + \frac{2}{3} = 4\frac{2}{3}$$

と記します。この表記を**帯分数**といいます。分子の方が分母より大きい

ときは、帯分数で表すことが多いのです。

分数の和と差は、整数の場合と同様に行います。すなわち

$$\frac{3}{5} + \frac{1}{5} = \frac{3+1}{5} = \frac{4}{5} \qquad \frac{3}{5} - \frac{1}{5} = \frac{3-1}{5} = \frac{2}{5}$$

$$\frac{7}{12} + \frac{2}{12} = \frac{7+2}{12} = \frac{9}{12} = \frac{3}{4}$$

$\frac{1}{4} + \frac{1}{3}$ のように、分母が異なるときは2つの分母の最小公倍数を求め、これを分母とした表記をした後に加えます。分母が異なる場合の差も同様です。

実際の計算を示すと

$$\frac{1}{4} + \frac{1}{3} = \frac{3}{12} + \frac{4}{12} = \frac{3+4}{12} = \frac{7}{12}$$

$$\frac{1}{4} - \frac{1}{3} = \frac{3}{12} - \frac{4}{12} = \frac{3-4}{12} = -\frac{1}{12}$$

となります。

パーセンテージ表示された値は全て分数で書き表せます。パーセンテージ表示は全体を100とした表示です。例えば

$$39\% = \frac{39}{100} = 0.39 \quad 25\% = \frac{25}{100} = 0.25$$

となります。

逆に分数表示をパーセント表示にすることもでき、

$$\frac{23}{100} = 23\% \quad \frac{35}{50} = \frac{70}{100} = 70\% \quad 260の43\% = 260 \times \frac{43}{100} = 111.8$$

となります。

次に、いくつかの単位を分数を用いて表してみましょう。

$$90° = \frac{1}{4} \text{周}$$

$$45\text{分} = \frac{3}{4} \text{時間}$$

$$120°\text{の}25\% = 120° \times \frac{25}{100} = 30°$$

$$85\,\ell\text{の}120\% = 85 \times \frac{120}{100} = 102\,\ell$$

$$72\,\text{cm}\text{の}30\% = 72\,\text{cm} \times \frac{30}{100} = 21.6\,\text{cm}$$

と表されます。

3.3 逆数

2つの数の積が1になるとき、一方の数を、他方の数の**逆数**といいます。例えば $\frac{3}{7} \times \frac{7}{3} = 1$ ですから $\frac{3}{7}$ の逆数は $\frac{7}{3}$ となり、$5 \times \frac{1}{5} = 1$ ですから5の逆数は $\frac{1}{5}$ となります。負の符号が付いた場合も同様に、$\frac{-3}{5}$ の逆数は $\frac{-5}{3}$ となります。

3.4 分数によるわり算

則子さんは料理好きでマフィンを焼きました。6切れのマフィンを1人2切れずつ食べると何人分になりますか、という問に対して、6÷2=3より、3人分という答が求まります。

客をもてなすのが大好きな敬子さんは、コーヒー＆ティーパーティー用にババロアを10個作りましたが、2個残りました。翌日、立ち寄った友人3人とまたお茶を飲みたいと考えました。冷蔵庫にはヨーグルト、フルーツの缶詰もありますが、昨日好評だったババロアも振る舞いたいのです。そこで敬子さんは2個のババロアを半分にして、4人分とし皿

に盛りつけました。もちろん、ヨーグルト、缶詰で飾り、立派なパフェができあがりました。ここで、2個しかなかったババロアを4人分にした動作は数学的にどう説明できるでしょうか。

$$2 \div \frac{1}{2} = 2 \times \frac{2}{1} = 4$$

と考えます。つまり、割る数が分数 $\frac{1}{2}$ であることは、逆数 $\frac{2}{1}$ をかけることと同じであり、2個のババロアが4人分になったと考えるのです。一杯の掛け蕎麦を半分ずつ食べると2人分になるのと同じ理屈です。

　6個の饅頭を一人 $\frac{2}{3}$ ずつ食べるとすれば何人分になりますか、という問に対して、まず6個の饅頭を全て3等分します。すると $6 \times 3 = 18$ 切れになります。これを一人2切れずつ食べるわけですから、$18 \div 2 = 9$ となり、答は9人分です。この考え方を式で表すと $6 \div \frac{2}{3} = 6 \times \frac{3}{2} = 9$

　以上のことから、

　割る数が分数である場合、逆数をかければよいことが理解できます。すなわち $7 \div \frac{3}{5} = 7 \times \frac{5}{3} = \frac{35}{3} = 11\frac{2}{3}$ となります。負の数で割る場合も同様に、$7 \div \left(-\frac{3}{5}\right) = 7 \times \left(-\frac{5}{3}\right) = -\frac{35}{3} = -11\frac{2}{3}$ とします。割る数、割られる数の両方にマイナスの符号が付けば結果はプラスとなります。例えば $\left(-\frac{3}{5}\right) \div \left(-\frac{1}{5}\right) = \left(-\frac{3}{5}\right) \times (-5) = 3$ となり、ある数を2度割る場合も同じように考えます。一見面倒に見える次の計算も $\frac{3}{5} \div \left(-\frac{3}{10}\right) \div \left(-\frac{2}{3}\right)$ $= \frac{3}{5} \times \left(-\frac{10}{3}\right) \times \left(-\frac{3}{2}\right) = 3$ と簡単な結果になりました。

3.5　文字の基本の表し方

　同じある数 a を5回足す場合などのように、文字による数式にはいく

つかの基本の表し方があります。結果はなるべくシンプルな形にします。例えば $a+a+a+a+a+a=6a$　$3b+4b=7b$　$7c-5c=2c$ となり、複数の文字が含まれる場合も、$4d+5e+4d-3e=8d+2e$　$4ab+3bc-2ab-abc+4bc=2ab+7bc-abc$ と同じ項でまとめます。このとき、$8d$、$2e$ のようにひとつの文字、あるいは文字のかけ算だけで成り立つものを**項**といいます。

文字と文字、あるいは数字と文字のかけ算は、かけ算の記号を使わず簡単に表します。$5\times a=5a$　$a\times b=ab$　$5\times a\times b=5ab$ となります。

割り算は分数で表せば簡単です。例えば $a\div 3=\dfrac{a}{3}=\dfrac{1}{3}a$　$a\div b=\dfrac{a}{b}$ となります。

3.6　指数の法則

同じ数を何度もかけ合わせるとき、指数を用いて表現することができます。例えば5を3回かけ合わすことを 5^3 と表します。指数計算にはいくつかのルールがあります。基本を覚え混乱しないようにしましょう。

文字 a, m, n は正の定数であるとするとき、次のようになります。

（1）　$a^m \times a^n = a^{m+n}$

（2）　$a^m \div a^n = a^{m-n}$

（3）　$(a^m)^n = a^{m\times n} = a^{mn}$

（4）　$(a\times b)^m = a^m \times b^m = a^m b^m$

（5）　$a^0 = a^{m-m} = \dfrac{a^m}{a^m} = 1$

（6）　$a^1 = a$

（7）　$a^{-1} = a^{0-1} = \dfrac{a^0}{a^1} = \dfrac{1}{a}$

（8）　$(a^{\frac{1}{2}})^2 = (a^{\frac{1}{2}\times 2}) = a^1 = a$　より　$a^{\frac{1}{2}} = \sqrt{a}$

ここで実際の指数計算を行ってみましょう。

ルール（1）より

$3^4 \times 3^5 = 3^{4+5} = 3^9$　　$2^5 \times 2^4 \times 2^3 = 2^{5+4+3} = 2^{12}$　　$a^3 \times a^5 = a^{3+5} = a^8$

ルール（2）より

$a^8 \div a^3 = a^{8-3} = a^5$　　$2^7 \times 2^5 \div 2^4 = 2^{7+5-4} = 2^8$　　$a^2 \div a^5 = a^{2-5} = a^{-3} = \dfrac{1}{a^3}$

ルール（3）より

$(2^4)^2 = 2^{4 \times 2} = 2^8$　　$(a^2)^3 = a^{2 \times 3} = a^6$　　$(3a^2)^3 = 3^3 \times a^{2 \times 3} = 27a^6$

ルール（7）より

$a^{-6} = \dfrac{1}{a^6}$

となります。

問1．$2^7 \times 2^6 \div 2^5 = \boxed{}$　　【答】$2^{7+6-5} = 2^8$

問2．$m^4 \div m^6 = \dfrac{\boxed{}}{\boxed{}}$　　【答】$m^{4-6} = m^{-2} = \dfrac{1}{m^2}$

問3．$(a^3)^5 = \boxed{}$　　【答】$a^{3 \times 5} = a^{15}$

問4．$(2a^3)^4 = \boxed{}$　　【答】$2^4 \times a^{3 \times 4} = 16a^{12}$

問5．$(a^{-3})^5 = \dfrac{\boxed{}}{\boxed{}}$　　【答】$a^{-3 \times 5} = a^{-15} = \dfrac{1}{a^{15}}$

問6．$(-3)^3 = \boxed{}$　　【答】-27

問7．$(-3)^4 = \boxed{}$　　【答】81

指数を含む計算

同じ負の数を偶数回かけ合わせると正の数となり、奇数回かけ合わせると負の数となります。次の例

$(-2)^2 = 4$　　$(-2)^3 = -8$　　$(-2)^4 = 16$

により、負の数を何回かけ合わせるかがポイントであることがわかりま

した。また、
$$-2^4=-16 \quad (-6^2)\div(-2)^3=-6\times 6\div\{(-2)\times(-2)\times(-2)\}=\frac{9}{2}$$
からわかるように、マイナス記号によく注意する必要があります。

3.7　文字式の利用

一見面倒にみえる式も簡単に表すことができることを次の例から確かめましょう。

$$-\frac{5}{3}x^2\div\frac{5}{6}x=-\left(\frac{5}{3}x^2\times\frac{6}{5x}\right)=-2x$$

$$(-4xy)\times 5x\div(-2y)=\frac{-4xy\times 5x}{-2y}=10x^2$$

$$12ab^2\div 2a\div(-3b)=12ab^2\div(-6ab)=-2b$$

● 大きな数、小さな数の表現

大きな数、小さな数は指数で次のように示すことがあります。

$$10^4=10\times 10\times 10\times 10=10000$$
$$10^3=10\times 10\times 10=1000$$
$$10^2=10\times 10=100$$
$$10^1=10$$
$$26000=2.6\times 10^4$$
$$2600=2.6\times 10^3$$
$$260=2.6\times 10^2$$
$$26=2.6\times 10^1$$
$$2.6=2.6\times 10^0$$
$$0.26=2.6\times 10^{-1}$$
$$0.026=2.6\times 10^{-2}$$
$$0.0026=2.6\times 10^{-3}$$

3.8 単位

よく利用される単位の略記号は次のように決まっています。

略記号： m＝metre　　　mm＝millimetre　　　km＝kilometre

　　　　g＝grams　　　kg＝kilograms

　　　　ℓ＝litres　　　mℓ＝millilitres

長さ： $1 \text{ mm} = \dfrac{1}{1000} \text{ m}$　　　1 km＝1000 m

　　　1 m＝100 cm＝1000 mm　　　1 cm＝10 mm

重さ： 1 kg＝1000 g

体積： 1 ℓ＝1000 mℓ

問1． $15分 + \dfrac{1}{3}時間 + \dfrac{1}{6}時間 = \boxed{}分$　　【答】15＋20＋10＝45分

問2． 60円の130％＝□円　　【答】60×1.3＝78円

問3． 洗濯をするのに、1回25 gの洗剤が必要であるとします。このとき4 kg入りの箱を買えば何回分に相当しますか。

【答】4000÷25＝160回分

問4． 3.12 kgで誕生した新生児が、毎週150 gの体重増加があるとすれば、12週後にはどれだけの体重になっていますか。

【答】3120 g＋150 g×12＝4920 g＝4.92 kg

半（ハン）

分数は、今から4000年以上前にエジプトやバビロニアで使われていたことがわかっています。一方、小数は1585年にベルギーのリモン・ステビンが初めて使ったと言われています。

また中国では

$\dfrac{1}{2}$ … 半（パン）　　　　$\dfrac{1}{3}$ … 少半（シャオパン）

$\dfrac{2}{3}$ … 大半（タイパン）　　$\dfrac{1}{4}$ … 弱半（ヨウパン）

を使っていました。中国から伝わり、日本では半分、大半（タイハン）という言葉が今でも使われています。

3.9　章末問題

【問題9】 $\dfrac{2}{5} + \dfrac{3}{7} + \dfrac{1}{2} = \boxed{}$

【問題10】 $\dfrac{2}{5} - \dfrac{3}{7} + \dfrac{3}{4} = \boxed{}$

【問題11】 $\dfrac{2}{5} \div \dfrac{7}{10} \times \dfrac{14}{3} = \boxed{}$

【問題12】 次の計算をしましょう。

（1）0.05×0.09　　　　　　（2）7.21×10

（3）0.34×100　　　　　　（4）$5^2 \times 5^3$

（5）$3^2 \times 3^4 \times 3^3$　　　　　（6）$a^4 \div a^7 \times a^2$

（7）$5^6 \times 5^2 \times 5^{-7}$　　　　（8）$5^7 \div 5^9 \times 5^3$

（9）$(2a^3)^2$　　　　　　　（10）$-\dfrac{7}{4}x^3 \div \left(-\dfrac{7}{8}x^2\right)$

（11）$15a^3b^2 \div 3a^2b^4 \div 5b^{-3}$　（12）$8x^2y^4 \times (-4xy^3) \div (xy^5)$

(13) 3.8÷0.19　（ヒント：分子分母両方に100をかける）
(14) 0.036÷0.04　　　　　(15) 3÷0.03

答はP176

第4章 頭の体操❶
…脳の活性化

いよいよ頭の体操が始まる。正確に早く解けるように訓練していこう。

4.1 植木算

問1． 周囲750ｍの円形の広場に、3ｍおきに花みずきと夾竹桃（きょうちくとう）を交互に植えることになりました。起点に夾竹桃を植えるとき、夾竹桃は何本必要になりますか。
　　　　夏に咲く赤い夾竹桃は情熱の花です。

【答】750÷6＝125本

問2． 240ｍの道の片側に、両端も含めて13本のバーゲンセールの旗を立てる計画があります。間隔は何ｍにすればよいですか。

【答】両端を含めて13本であれば、間隔の数は12、したがって240÷12＝20ｍ

【問題13】 600ｍの遊歩道に、猿も木から落ちそうなほどつるりとした幹のサルスベリの木を4ｍおきに植えることにしました。遊歩道の起点と終点にも植えるとき、サルスベリの木は何本必

要ですか。

【問題14】公園内の260 mの歩道に、柊（ひいらぎ）の木を5 mおきに植えたいとの計画があります。歩道の両端にも柊を植えるとき、何本必要となりますか。

【問題15】360 mの道の片側に、3 mおきに道の端から電柱が立っています。これを4 mおきに立て替えることになりました。立て替えなくてよい電柱は何本ですか。

答はP177

4.2 鶴亀算

問1．鶴と亀があわせて15匹（羽）います。鶴の足の数の和と亀の足の数の和は54本であるとき、それぞれ何匹（羽）いますか。

【答】鶴ばかり15羽いるとすると、足の数は$2 \times 15 = 30$本
実際には54本なので$54 - 30 = 24$本足りない。
鶴と亀の足の数の差は$4 - 2 = 2$　$24 \div 2 = 12$より
亀が12匹、鶴が3羽

※方程式を使って解く方法もあります（第8・9章参照）。

問2．ウサギとカメがあわせて15匹（羽）います。ウサギとカメの足の和は60本であるとき、それぞれ何匹（羽）いますか。

【答】この場合はウサギとカメの足の数は同じ4本ずつですから、鶴亀算では解けません。ウサギx羽、カメy匹とする連立方程式を作っても、条件が少なく解けません。

問3．山道に鳥と猫がいます。両方の足の数の和は66本、あわせた数は21匹（羽）です。それぞれ何匹（羽）いますか。

【答】解法1．全て猫だとすると足の数は$4 \times 21 = 84$

したがって84−66＝18本多すぎる。
足の数の差4−2＝2で割ると18÷2＝9より
烏は9羽、猫は12匹

解法2．烏が11羽、猫が10匹とすると、足の数は
$2 \times 11 + 4 \times 10 = 62$本、
実際の足の数の和は66−62＝4本多い
烏と猫の足の数の差は4−2＝2より、
4÷2＝2だけ猫が多くなります。
猫は10＋2＝12匹、烏は残りの9羽

問4．一本足のかかしと、2本足の人形あわせて23体、足の数の和31本です。それぞれ何体ですか。

【答】解法1．かかし11体、人形12体とすると足の数は
$11 + 2 \times 12 = 35$本
実際の足の数31本より、4本多くなります。
これを人形とかかしの足の数の差1で割ると4。
したがって人形を4体減らし、
人形は12−4＝8体、かかしは11＋4＝15体

解法2．最初に全てかかしであると仮定すると
足の数は23本となり、31−23＝8本足りません。
したがって2本足の人形が8体、23−8＝15体が
かかしです。

問5．鶴と亀があわせて42匹（羽）います。鶴の足の数の和は亀の足の数の和より12本少ないとするとき、亀は何匹いますか。

【答】鶴と亀が21匹ずついるとすると、足の合計本数の差は
$4 \times 21 - 2 \times 21 = 42$本
となり、42−12＝30より鶴の足の数が30本少なすぎることがわかります。
鶴を1羽増やし亀を1匹減らすごとに、足の本数の差は6本縮まります。
30÷6＝5　鶴は21羽より5羽多いはず。その分、亀は5匹少ないことに

なりますので、21−5＝16匹が亀です。

【解説追記】

亀21匹、鶴21羽とすると、足の総本数は4×21＋2×21＝126本です。
亀が1匹減り、鶴が1羽増えると足の総本数は4×20＋2×22＝124本
と、確かに2本減ります。これはあくまでも総本数の増減に関してのことです。一方、亀21匹、鶴21羽とすると、足の本数の差は4×21−2×21＝42本。
亀が1匹減り、鶴が1羽増えると足の本数の差は4×20−2×22＝36本
と、亀が1匹減り、鶴が1羽増えると足の本数の差は6本減ります。
この問題は差を条件にあげているので、**差の変化に着目する**のがポイントです。

問6． 光君は50円のシールと80円のシールあわせて35枚を買いました。80円のシールの代金の方が200円多いとき、50円のシールの代金は☐円です。

【答】 50円を18枚、80円を17枚買ったとすると、
　　　　80×17−50×18＝460円
となり、条件より80円のシールの代金の方が260円多くなりすぎます。
50円のシールを1枚増やし80円のシールを1枚減らすたびに130円差が縮まります。
260÷130＝2より50円シールを2枚増やせばよいことになります。
　　18＋2＝20枚　　50×20＝1000円

【解説追記】

50円を18枚、80円を17枚買ったとすると、シールの代金の総額は
　　　　80×17＋50×18＝2260円
50円を19枚、80円を16枚買ったとすると、シールの代金の総額は
　　　　80×16＋50×19＝2230円
となり、50円のシールを1枚増やし80円のシールを1枚減らすごとに、総額では80−50＝30円ずつ減ります。

これに対し、
50円を18枚、80円を17枚買ったとすると、シールの代金の差は
　　　$80 \times 17 - 50 \times 18 = 460$円
50円を19枚、80円を16枚買ったとすると、シールの代金の差は
　　　$80 \times 16 - 50 \times 19 = 330$円
となり、50円のシールを1枚増やし80円のシールを1枚減らすごとに、代金の差は$80 + 50 = 130$円ずつ減ります。

【問題16】トランプをめくり、ハートかダイヤの赤札なら100円もらえ、スペードかクローバの黒札なら40円払うゲームをした武範君は、20回トランプをめくったとき、手元に880円ありました。赤札を出したのは□回です。

【問題17】功君と北斗君が協力して苺214個を、10個入りの箱と12個入りの箱につめたら20箱できましたが、最後の20箱目は2個足りなくなりました。12個入りの箱はいくつできますか。

【問題18】グー、チョキ、パーのじゃんけんをして、パーで勝てば5歩、チョキで勝てば2歩、グーならそのままとどまるというルールで武田君と上杉君は神社の階段を上ることにしました。パーとチョキあわせて20回で76段上った武田君がチョキで勝ったのは何回でしょうか。

【問題19】三輪車と自転車（二輪車）あわせて16台があります。輪はあわせて41個であるとき、三輪車は□台です。

【問題20】燈香ちゃんは60円のオレンジクッキーと40円のクルミ入りビスケット合計12枚を580円で買いました。このときオレンジクッキーは何枚買いましたか。

【問題21】白黒とカラーの両方がコピーできるコピー機があります。白黒だと毎分12枚、カラーだと毎分6枚の速さでコピーできま

す。山田先生が白黒、カラーあわせて24枚コピーしたところ、3分かかりました。白黒の枚数は何枚でしたか。

答は P177

4.3 流水算

問1． エリザベス号という小舟が120 km 離れた地点を往復しました。上りは10時間、下りは6時間かかりました。この舟の速さは、時速何 km でしょうか。

【答】舟の時速を x km、川の流れを y km とします。
$6(x+y)=120$ ……①
$10(x-y)=120$ ……②
これを解いて、$x=16$ より時速16 km です。

問2． ボートで室見から川を上って中州まで行くのと、中州から川を下って室見まで行くのとでは、かかる時間の比は7：5です。ボートの静水上での速さが18 km/h であるとき、川の流れの速さを求めましょう。

【答】時間の比が7：5ならば速さの比は5：7となるため

  下る速さ(7)＝ボートの速さ＋流れの速さ
−）上る速さ(5)＝ボートの速さ−流れの速さ
  速さの差(2)＝流れの速さ×2

からわかるように、流れの速さ＝速さの差÷2＝1となります。
したがって、ボートの速さは7−1＝6に対して川の流れの速さは1なので、川の流れの速さを x km/h とすると
$6：1=18：x$ より、$18÷6=3$ km/h

【問題22】 ぽんぽこ狸町と月見町は川沿いに120 km 離れています。川の

流れる速さが時速3kmのとき、川上のぽんぽこ狸町から新郎を乗せた舟が、川下の月見町から新婦を乗せた舟が時速24kmで同時に出発しました。出会った場所で結婚式が行われることになっています。2隻の舟は何時間後に出会うことになりますか。

【問題23】どんぶらこ村と芝刈村は川沿いに80km離れています。川の流れる速さが時速4kmのとき、川上のどんぶらこ村から新郎を乗せた舟が時速18kmで10時に出発しました。この村から芝刈村方向に60km離れた小島にある神社で結婚式を挙げることになっています。川下の芝刈村から新婦を乗せた舟が時速18kmで出発しました。新婦は新郎より遅くならないように着きたいのですが、少なくとも何時何分に出発すればよいでしょうか。

答はP178

> **花嫁の舟**
>
> 花嫁は必ず川下から出発し、上がることはあっても下ってはいけない風習があります。「雨降り」「からたちの花」「待ちぼうけ」、交声曲「海道東征」などの作詞をした北原白秋は坊ちゃん育ちで"ごんしゃん"と呼ばれていました。白州の故郷である柳川の花嫁舟は一見の価値があるでしょう。

4.4 仕事算

問1．ある山の草刈りをするのに、雷山の金太郎は3日、鬼ヶ島の桃太

郎は5日かかります。この仕事を2人でするとすれば、何日目に終わりますか。

【答】金太郎は3日かかるから、一日にする仕事は$\frac{1}{3}$、
桃太郎は5日かかるから、一日にする仕事は$\frac{1}{5}$。
2人で仕事をするから、
$$1\div\left(\frac{1}{3}+\frac{1}{5}\right)=1\div\frac{5+3}{15}=\frac{15}{8}=1.875$$
したがって、2日目に終わります。

問2．お祭の準備をするのに光君、征男君、照子さん、清弘君、美紀子さんの5人の実行委員が毎日6時間働いて4日で仕上がります。この仕事を2日で仕上げるため、毎日10時間働くことにしました。前述の5人を含め合計何人の実行委員が必要ですか。ただし、実行委員の仕事量は皆同じとします。

【答】解法1．5人の人が毎日6時間、4日働いて1の仕事をすると、
1時間当たり1人 $\frac{1}{6}\times\frac{1}{5}\times\frac{1}{4}=\frac{1}{120}$
の仕事をすることになります。
したがって、
$$\frac{1}{120}\times 10\times 2\times x \text{ 人}=1$$
$$x=6$$
となり、6人
解法2．延べ労働時間は、6時間×5人×4日＝120時間ですから求める人数は、
$$120\div(10\times 2)=6\text{人}$$

【問題24】ムール貝を食べにやってきた仲良し3人組の桜子、香、碧は大鍋に運ばれてきた貝を3等分して食べ始めました。食べる

ペースはそれぞれ一定とします。桜子が自分の分を全て食べ終わってビールを飲もうと思ったとき、香は25個、碧は46個残していました。香が食べ終わったとき、碧は36個残してふうふう言っていました。最初に大鍋に入っていたムール貝はいくつだったでしょうか。

【問題25】鎌倉時代に元が攻めてきたとき、海岸に沿って防塁を築きました。ある地域の防塁を唐津藩は25日、今津藩は30日、鍋島藩は15日で仕上げることができました。

元がいつ攻めてくるのかわからないため大至急防塁を築く必要がありました。3つの藩が協力して工事を始めたのですが、鍋島藩が途中で太宰府の役人に呼ばれて異なる仕事に就いたため、防塁を築くのに10日かかりました。鍋島藩がこの工事をできなかったのは、何日間ですか。

答はP179

ベルギービール

ヨーロッパで貝料理を食べるときは昼間でもビールを飲み、食あたりしないように用心するのがよいとされています。ベルギービールはフルーティーで女性にもおすすめです。小さな舟がいくつも停泊する川岸でのムール貝料理をぜひお試しください。

4.5 水槽算

問1. ある樽に酒を満杯にするのに、日栄管では15分、男山管でも15分、大日盛管では30分かかります。3つの管で同時に注水すると何分

で満杯になりますか。

【答】1分間当たり日栄管、男山管では $\frac{1}{15}$、大日盛管では $\frac{1}{30}$ 酒が入ります。

$$\frac{1}{15} \times 2 + \frac{1}{30} = \frac{2 \times 2 + 1}{30} = \frac{5}{30} = \frac{1}{6}$$

$$1 \div \frac{1}{6} = 6$$

したがって、満杯になる時間は6分

問2. あるタンクに日本酒を満たすのに、宗玄管だと6時間、福宗政管だと9時間かかります。最初の3時間を福宗政管のみ、次の1時間を宗玄管のみ、残りを宗玄管、福宗政管両方で入れることにしました。タンクを満たすのに全部で何時間何分かかりますか。

【答】全体の仕事を1とすると、

1時間の宗玄管、福宗政管それぞれの注入量は $\frac{1}{6}$、$\frac{1}{9}$

宗玄管、福宗政管両方でなら $\frac{1}{6} + \frac{1}{9} = \frac{3+2}{18} = \frac{5}{18}$ 注入できる

宗玄管、福宗政管両方を使って注入する量は $1 - \left(\frac{1}{9} \times 3 + \frac{1}{6} \times 1\right) = \frac{1}{2}$

宗玄管、福宗政管両方を使うのは $\frac{1}{2} \div \frac{5}{18} = \frac{9}{5} = 1\frac{4}{5}$ 時間 = 1時間48分、

したがって、$3 + 1 + 1\frac{4}{5} = 5\frac{4}{5}$ 時間 = 5時間48分

くだらない

京の都で作られた酒は樽に詰められ、東（あずま）にある江戸に下ってきました。平安時代、「あずま」といえば野蛮な土地を意味していました。京の酒は遠い距離を樽に積まれて下ってくる間に発酵し、木の香も移りおいしい酒となりました。よい酒になるためには京から下ることが重要でした。ですから「下らない酒はおいしくない」つまり「くだらない」ものだと言われるようになりました。

「くだらないものですが、おひとついかがですか」

【問題26】 ある樽に焼酎を満杯にするのに、八海山管では15分、土佐鶴管では12分、百年孤独管を開き満たんの樽を空にするのに、20分かかります。3つの管を同時に開くと何分で満杯になりますか。

【問題27】 あるタンクにワインを満杯にするのに、毎分60ℓずつ注入すると予定より10分早く、毎分40ℓずつ注入すると、15分おくれて満杯となります。このタンクの容積は何ℓですか。

答はP179

最後の晩餐

　木樽に詰められていたワインも最近はプラスティックのタンクでの醸造に代わってきました。ワインを発酵させるカビはその土地独特のものとして大事に守られていますが、昔のワイン庫はレストランとして結婚式の披露宴に利用されるなど、心地よい空間を提供しています。フランスの結婚式は、花嫁が父親と最初に踊り、次に花婿と踊り、皆が加わって朝方まで踊り明かす体力の必要なセレモニーです。

　キリストの最後の晩餐を描いたレオナルド・ダ・ビンチ（ビンチ村のレオナルド）の絵は、レストランの壁に飾られているようです。マグダラのマリアが重要人物となる「ダ・ビンチ・コード」は映画と小説を多くの人が楽しんだ謎解き物語です。

4.6 年齢算

問1. 正君は10歳で、兄の治君と4歳違いです。治君が正君の2倍の年齢だったのは、正君が何歳のときでしたか。

【答】治君は現在14歳です。2倍だったのが x 年前とすると、
$$(10-x) \times 2 = 14-x$$
これより6年前とわかり、10−6=4から正君は4歳でした

問2．ワカメちゃんは2400円、カツオ君は7200円貯金しています。ワカメちゃんは120円、カツオ君は360円ずつを毎日使うことにしました。カツオ君の残金がワカメちゃんの2倍になるのは何日後のことですか。

【答】x日後とすると、
$7200 - 360x = 2(2400 - 120x)$ より20日後

【問題28】現在、王様は41歳、娘の白雪姫は5歳です。城に魔女がやってきて、王様の年齢が白雪姫の年齢の4倍になるときに盛大な狩りを催すように告げました。狩りは何年後に行われることになりますか。

【問題29】母親の知保美さんは今年35歳、長女のあかりちゃんは5歳、次男の雅明君は3歳、末の智君は1歳です。3人の子供の年齢の和が母の年齢の$\frac{1}{3}$になるのは何年後ですか。

【問題30】アンパンマンは2560ドル、スーパーマンは620ドル貯金しています。これから毎月頑張ってアンパンマンは32ドル、スーパーマンは60ドルの貯金をすることにしました。アンパンマンの貯金がスーパーマンの貯金の2倍になるのは何カ月後でしょうか。

答は P180

4.7 損益算

問1．原価800円のメロンに3割の利益を見込んで定価をつけました。メロンの定価はいくらになりますか。合計9個が売れました。このときの利益はいくらですか。

【答】$800 \times 1.3 = 1040$円　$800 \times 0.3 \times 9 = 2160$円

問2．1枚600円のスカーフを200枚仕入れ、1割の利益を見込んで定価としました。売れ残った50枚は原価の20％引きセールとしました。利益はいくらですか。

【答】 1割の利益を見込んだ物は150枚売れたから、利益は
600円 × 0.1 × 150 − 600円 × 0.2 × 50
より、3000円

【問題31】 定価4400円のバッグを2割引で売っても、なお原価の1割の利益があります。このバッグの原価はいくらですか。

【問題32】 ある花屋では、チューリップとマーガレットを合計3500円で仕入れました。チューリップでは2割もうけ、マーガレットでは1割損をし、全体では250円もうけました。チューリップとマーガレットそれぞれの仕入れ値はいくらですか。

答は P180

4.8　旅人算

問1．1周3200 m の池の周りを、三郎君と五郎君が同地点から同時に反対方向に歩き出しました。三郎君は分速48 m、五郎君は分速32 m で歩いたとします。2人が出会うのは何分後ですか。

【答】 $3200 \div (48+32) = 40$ 分

問2．富士山麓の別荘に鈴木家と山田家の2家族が別な場所から向かい同時刻に玄関で待ち合わせることとしました。自宅から別荘まで70 km あるため、鈴木一家は、平均速度40 km/時で向かうと予定より15分早く着きます。時間通り着くためには、平均速度□/時で向かえばよいことになります。

【答】 70 km を $(70 \div 40)$ 時間 + 15分 = $\dfrac{70}{40}$ 時間 + 15分 $\left(\dfrac{1}{4}\text{時間}\right)$

=2時間で走れば予定通り着くので、求める平均の速さは

70÷2=35

したがって、35 km/時

【問題33】 山中村を朝9時に出発した三太郎さんは梅の木村まで行くのに、時速 M km で歩いたところ、12時に見晴らしの良い展望台に到着しました。ここで海を眺めながら弁当を広げ30分休みました。この後は、時速 $(M-2)$ km で歩き、夕方4時18分に梅の木村に着きました。山中村と梅の木村は23 km 離れています。最初歩いた速度は、毎時何 km だったでしょうか。

【問題34】 サザエさんは大田から分速30 m、ワカメちゃんは小田から分速20 m で同時に出発し、途中の中池で50分後に落ち合いました。大田、小田間の距離は何 km ですか。ただし、3つの地点は一直線上にあるものとします。

【問題35】 自動車で時速120 km の速さで45分走った距離を、分速225 m の速さで走ると、何時間何分で走りきることができますか。

答は P180

4.9　濃度

問1. 食塩60 g を何 g の水に溶かすと、30％の食塩水ができますか。

【答】水の重さを x g とすると、

$$\frac{60}{x+60} = \frac{30}{100}$$

これを解いて、$x=140$　したがって、140 g

問2. 喉を痛めた赤ずきんちゃんは漢方店で購入した20 g の甘草エキス

第 4 章　頭の体操❶…脳の活性化

をお湯に混ぜ、全体で800ｇのドリンク剤を作りました。これは何％のドリンク剤といえますか。

【答】 $20 \div 800 \times 100 = 2.5\%$

【問題36】 10％の食塩水200ｇと15％の食塩水300ｇを混ぜると何％の食塩水ができますか。

【問題37】 香子さんは焼酎のお湯割りが好きです。今夜は外出するため、軽いアルコールにしようと思っています。濃度５％のお湯割り60ｇがテーブルにありますが、これに何ｇの湯を加えると４％になりますか。

【問題38】 あかりさんがパスタを茹でようとしています。１ℓの水に対し20ｇの塩を入れるのが標準とされていますが、今回は480ｇの水に対し塩を20ｇ使いました。すると何％の食塩水になりますか。

答は P180

4.10　時計算

問１．図のアナログ時計は何時何分ですか。ただし、S°＝L°です。

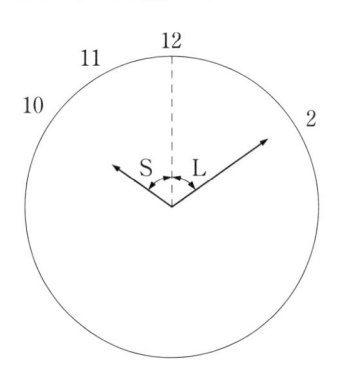

【答】長針は1時間で360°回り、短針は12時間で1回りするので

1時間で $\dfrac{360°}{12}=30°$ 動きます。10時と12時の間は60°です。

長針の動き：短針の動き $=360:30=12:1$ です。

長針が12を指したときから動き出してできる角度を $x°$ とすると、

短針は、10時を起点として $\dfrac{1}{12}x°$ だけ動きます。

$$L=x°\quad S=60°-\dfrac{1}{12}x°$$

に対して、L=S となる角度 $x°$ を求めればよいことになります。

$x=60-\dfrac{1}{12}x$ から $\dfrac{13}{12}x=60$

∴ $x=\dfrac{12}{13}\times 60°$　1°:360°=1分:60分 より

$1°=\dfrac{60}{360}$ 分であることから、

$\dfrac{12}{13}\times 60\times \dfrac{60}{360}$ 分 $=9\dfrac{3}{13}$ 分

求める時間は10時 $9\dfrac{3}{13}$ 分

問2．長針と短針が一直線上にあります。図のアナログ時計は何時何分ですか。

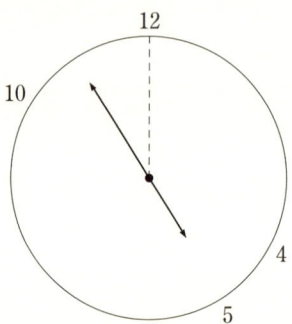

【答】長針が12を指したときから動き出してできる角度を $x°$ とすると、

短針は4時を起点として $\dfrac{1}{12}x°$ だけ動くので、

12時から長針までの角度－12時から短針までの角度＝180°
となる角度 $x°$ を求めればよいことになります。

12時から4時までの角度は120°です。

$$x-\left(120+\frac{1}{12}x\right)=180 \text{から} \quad \frac{11}{12}x=300$$

$$\therefore x=\frac{12}{11}\times 300°$$

$1°=\frac{60}{360}$ 分だから、

$$\frac{12}{11}\times 300\times\frac{60}{360}\text{分}=\frac{600}{11}\text{分}=54\frac{6}{11}\text{分}$$

求める時間は 4 時 $54\frac{6}{11}$ 分

【問題39】図のアナログ時計は何時何分ですか。

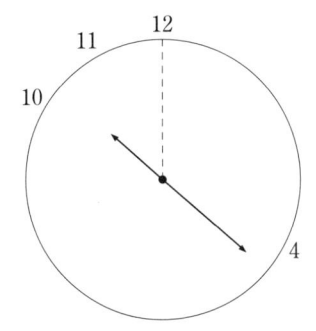

【問題40】図のアナログ時計は何時何分ですか。

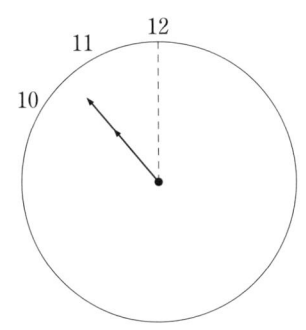

【問題41】 図のアナログ時計は何時何分ですか。ただし、S°=L°です。

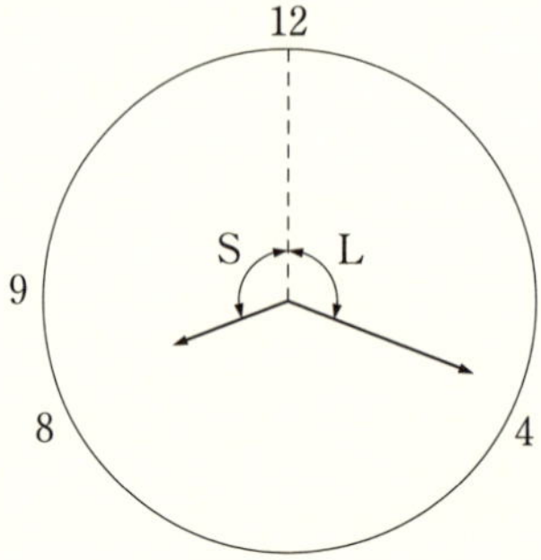

答は P181

第4章 頭の体操❶…脳の活性化

Earl of Sandwich（サンドイッチ伯爵）

　トランプなどのゲームが好きだったといわれる英国のサンドイッチ卿ジョン・モンタギューは、英国のエリートの王道である有名私立校イートン校からケンブリッジ大学へ進んだ，いわゆるケンブリッジボーイです。ドラキュラ伯爵ほど有名ではありませんが、伯爵が好んで食べたことから名付けられたサンドイッチにより伯爵は後世に名を残すことになり、その説がいくつかあります。

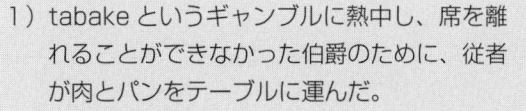

1）tabake というギャンブルに熱中し、席を離れることができなかった伯爵のために、従者が肉とパンをテーブルに運んだ。
2）伯爵は大変忙しい人であったため彼の仕事場の机に、使用人が肉とパンを運んだ。
3）伯爵の義理の兄弟であるフランス人が干し肉とパンを持ってきた。
　賭け事は確率と深い関係があります。

ジョン・モンタギュー

第5章 10進法と2進法

> コンピュータの中では2進法が使われている。2進法は機械的に計算しやすく表しやすいからである。2進法の知識を持つことは現代人の常識である。

5.1 10進法のなり立ち

前節2.1において歴史的な数の発展を学びました。日常使う10進法とコンピュータで利用する2進法に関して再度確認しておきましょう。

「喫茶店でケーキセットを頼んだら850円でした」

「80円切手を6枚買いました」

「私の身長は161.2 cm です」

など生活の中で数を使います。この数は無意識に使われていますが、10進法によるものです。10進法は0から9までの10個の数からなり、この基本の数 "0, 1, 2, 3, 4, 5, 6, 7, 8, 9" までが一桁です。この次に続く数 "10" から桁上がりして、二桁の数となります。当然のことながら一桁の最大の数は "9" です。二桁の数は "10, 11, … 98" と続き、二桁の最大の数である "99" で終わります。次に桁上がりして、三桁の数である "100" となります。

当然のように成立すると考えられる
$$9+1=10 \quad 99+1=100$$
の成り立ちを理解することが、他の進法で計算するときに役立ちます。

先述したように、人類が初めて数の概念から10進法を考え出したのは、手足に10本の指があるからです。もし人類の指の数が10本でなければ他の進法が発達したでしょう。事実10進法以外の考え方は1ダース、時計、角度などに見いだせます。

5.2　2進法とは

我々は0から9までの10個の数字を使う10進法になじんでいます。しかし、一方で陰と陽、モールス信号の長音と短音、電気がつくかつかないかなど、2種類の記号の組み合わせによって事物を分類、表現できることも知っています。

手の親指をのばしたか、曲げているか、人さし指をのばしたか、曲げているかによって数を数える方法もあります。それぞれの指が2通りの情報を持つため、5本の指を用いれば$2×2×2×2×2$の情報を伝えられることになります。この方法によると、片手で$2^5=32$通り、両手を使うと$2^{10}=1024$通りの情報伝達が可能です。指をのばしたときを1、曲げたときを0、あるいは命題が真のときを1、偽のときを0と定め、0と1の組み合わせにより、情報を表すことを2進法といいます。

5.3　10進法から2進法への変換

10進法で表された数を、2進法で示すには次のように考えます。
$14=2×7+0$
$7=2×3+1$
$3=2×1+1$　ですから

第5章　10進法と2進法

$14 = 2 \times 7 + 0 = 2 \times (2 \times 3 + 1) + 0 = 2 \times 2 \times 3 + 2 \times 1 + 0$

$ = 2 \times 2 \times (2 \times 1 + 1) + 2 \times 1 + 0$

$ = 2 \times 2 \times 2 \times 1 + 2 \times 2 \times 1 + 2 \times 1 + 0$

$ = \underline{1} \times 2^3 + \underline{1} \times 2^2 + \underline{1} \times 2^1 + \underline{0} \times 2^0$ と 2 をベースとする数に置きかえ、

$ = (1110)_2$ となります。

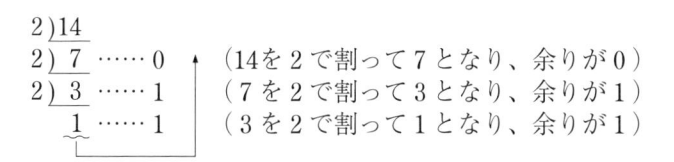

```
2 )14
2 ) 7 …… 0     （14を2で割って7となり、余りが0）
2 ) 3 …… 1     （7を2で割って3となり、余りが1）
    1 …… 1     （3を2で割って1となり、余りが1）
```

を使えばよいのです。同様に

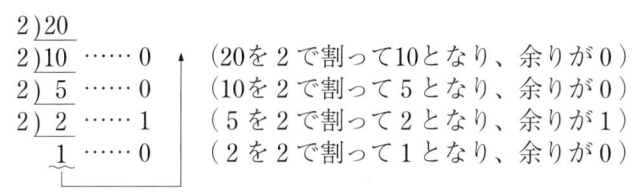

```
2 )20
2 )10 …… 0     （20を2で割って10となり、余りが0）
2 ) 5 …… 0     （10を2で割って5となり、余りが0）
2 ) 2 …… 1     （5を2で割って2となり、余りが1）
    1 …… 0     （2を2で割って1となり、余りが0）
```

ゆえに$20 = (10100)_2$ となります。

問1． 次の10進数を2進数に変換しましょう。

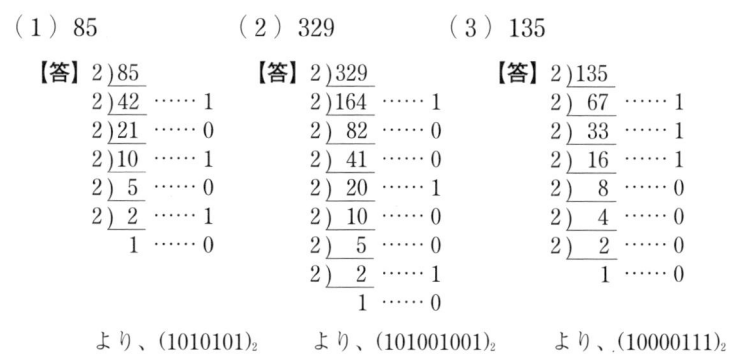

（1）85　　　　　　　（2）329　　　　　　（3）135

```
【答】2 )85           【答】2 )329          【答】2 )135
     2 )42 …… 1          2 )164 …… 1          2 ) 67 …… 1
     2 )21 …… 0          2 ) 82 …… 0          2 ) 33 …… 1
     2 )10 …… 1          2 ) 41 …… 0          2 ) 16 …… 1
     2 ) 5 …… 0          2 ) 20 …… 1          2 )  8 …… 0
     2 ) 2 …… 1          2 ) 10 …… 0          2 )  4 …… 0
         1 …… 0          2 )  5 …… 0          2 )  2 …… 0
                         2 )  2 …… 1              1 …… 0
                             1 …… 0
     より、$(1010101)_2$   より、$(101001001)_2$   より、$(10000111)_2$
```

問2．次の2進数を小さい順に並べましょう。

$$(11011)_2, (100)_2, (1101)_2, (101)_2, (10000)_2$$

※2進数の大小関係は、10進数と見なして考えればいいのです。カッコの中だけ較べましょう。

【答】$(100)_2, (101)_2, (1101)_2, (10000)_2, (11011)_2$

5.4　2進法から10進法への変換

2進数から10進数を求めることは簡単です。

例えば

$$(100)_2 = \underline{1} \times 2^2 + \underline{0} \times 2^1 + \underline{0} \times 2^0$$
$$= 1 \times 4 + 0 \times 2 + 0 \times 1$$
$$= 4 + 0 + 0$$
$$= 4$$

したがって、$(100)_2 = (4)_{10} = 4$　となります。

次の計算も同様です。

$$(11101)_2 = \underline{1} \times 2^4 + \underline{1} \times 2^3 + \underline{1} \times 2^2 + \underline{0} \times 2^1 + \underline{1} \times 2^0$$
$$= 1 \times 16 + 1 \times 8 + 1 \times 4 + 0 \times 2 + 1 \times 1$$
$$= 16 + 8 + 4 + 1$$
$$= 29$$

したがって、$(11101)_2 = (29)_{10} = 29$　となります。

問1．2進数$(10111)_2$を10進数に変換しましょう。

【答】$(16+4+2+1)_{10} = (23)_{10} = 23$

5.5　2進法と10進法の対照表

2進法と10進法を対比させたのが次の表です。2進法で表すと桁数が多くなるのがよくわかります。2進法で数えながら散歩すると頭の体操になることでしょう。

(a) 整数部	
10進数	2進数
0	0
1	$1 = 2^0$
2	$10 = 2^1$
3	11
4	$100 = 2^2$
5	101
6	110
7	111
8	$1000 = 2^3$
9	1001
10	1010
11	1011
12	1100
13	1101
14	1110
15	1111
16	$10000 = 2^4$
32	$100000 = 2^5$
64	$1000000 = 2^6$
128	$10000000 = 2^7$
256	$100000000 = 2^8$
512	$1000000000 = 2^9$
1024	$10000000000 = 2^{10}$

5.6　2進法の計算

加法

加算の基本 $\begin{cases} 0+0=0 \\ 0+1=1 \\ 1+0=1 \\ 1+1=10 \end{cases}$

+	0	1
0	0	1
1	1	10

上のことに注意すれば10進法と同じ要領で加算できます。

ちなみに、1+1+1=11となります。

例えば $(10)_2+(1)_2$ という計算を行うときは

```
   10
 +  1
   11
```
　　└→ 0+1=1
　└→ 1のみなので1

となります。

また、$(10)_2+(10)_2$ を行うときも、同様です。

```
   10
 + 10
  100
```
　　└→ 0+0=0
　└→ 1+1=10となることから、1繰り上がり、この桁は0

例1． $(10)_2+(11)_2=(101)_2$

例2． $(100)_2+(101)_2=(1001)_2$

乗法

乗算の基本 $\begin{cases} 0 \times 0 = 0 \\ 1 \times 0 = 0 \\ 0 \times 1 = 0 \\ 1 \times 1 = 1 \end{cases}$

×	0	1
0	0	0
1	0	1

上のことに注意すれば10進法と同じ要領で加算できます。

例えば $(110)_2 \times (11)_2$ の計算を行うときは

```
      110
  ×    11
      110     → ここまでは10進法と全く同じです
  +  110      → この和を2進法で計算します
    10010
```

となります。かけ算は10進法と全く同じに行い、足し算の箇所を2進法の特徴を使って計算すればよいのです。

また、$(101)_2 \times (101)_2$ は

```
      101
  ×   101
      101
  +  101
    11001
```

となります。1に1を足すと桁上がりになることをうっかりすると忘れてしまいます。気をつけましょう。

問1. 次の2進数の乗算をしましょう。

(1) 111×101 　　　　(2) 1011×101

【答】
```
      111
   ×  101
      111
   + 111
   100011
```

【答】
```
     1011
   ×  101
     1011
   + 1011
   110111
```

5.7 スイッチ回路

基本の論理回路

2進数の手計算による加法は既に学びました。コンピュータは、電流が流れる(1)、電流が流れない(0)により全てのことを処理します。その処理方法が論理演算回路です。

ここでは、最も重要な論理演算回路について学びましょう。X, Yが入力を、Sが出力を表しています。

【1】or 回路

（1）X=0, Y=0 のとき

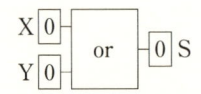

X[0] ─┐
      │ or ├[0] S
Y[0] ─┘

XからもYからも電流が流れ込まないとき、Sには電流が流れません。

（2）X=0, Y=1 のとき

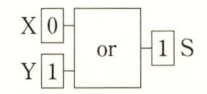

X[0] ─┐
      │ or ├[1] S
Y[1] ─┘

Xからは電流が流れ込まず、Yからは電流が流れ込むとき、Sには電流が流れます。

（3）X=1, Y=0 のとき

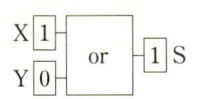

X[1] ─┐
      │ or ├[1] S
Y[0] ─┘

Xからは電流が流れ込み、Yからは電流が流れ込まないとき、Sには電流が流れます。

（4）X=1, Y=1 のとき

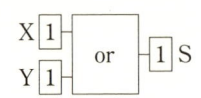

X[1] ─┐
      │ or ├[1] S
Y[1] ─┘

XからもYからも電流が流れ込むとき、Sには電流が流れます。

第5章 10進法と2進法

【2】and 回路

(1) X=0, Y=0のとき

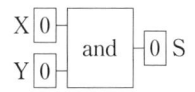

X [0] ─┐
       and ─[0] S
Y [0] ─┘

XからもYからも電流が流れ込まないとき、Sには電流が流れません。

(2) X=0, Y=1のとき

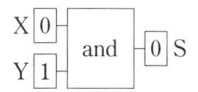

X [0] ─┐
       and ─[0] S
Y [1] ─┘

Xからは電流が流れ込まず、Yからは電流が流れ込むとき、Sには電流が流れません。

(3) X=1, Y=0のとき

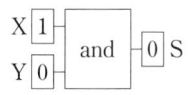

X [1] ─┐
       and ─[0] S
Y [0] ─┘

Xからは電流が流れ込み、Yからは電流が流れ込まないとき、Sには電流が流れません。

(4) X=1, Y=1のとき

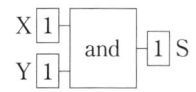

X [1] ─┐
       and ─[1] S
Y [1] ─┘

XからもYからも電流が流れ込むとき、Sには電流が流れます。

【3】not 回路

(1) X=0のとき

X [0] ─ not ─[1] S

Xから電流が流れ込まないとき、Sには電流を流します。

(2) X=1のとき

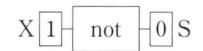

X [1] ─ not ─[0] S

Xから電流が流れ込むとき、Sには電流を流しません。

2進法の話題

1) 烽火（のろし）

烽火による情報網を完備し、一大帝国を築いたのはモンゴル民族のチンギス・カンでした。それとは知らず2進法を用いて素早く情報を知らせていたわけです。

(1　　0　　1)₂

2) お子様ランチ

レストランで愛らしい3兄弟がお子様ランチを食べています。各自のケチャップライスの上に旗が1本ずつ立っています、お子様ランチ3人分の旗を使えば、2進法で数えると (000)₂ から (111)₂ まで、すなわち10進法で0から7までの8通りの数が表せます。

2組の老夫婦が話しています。「わたしらの若い自分にはお子様ランチなどありませんでしたな。4人で試してみましょうか」。こうして4人分のランチが運ばれ、ちゃんと旗も立っていました。旗が立っているときを1、立っていないときを0として、2進法で数を数えると、(0000)₂ から (1111)₂ まで、すなわち、10進法で数えると0より15までの16通りの数え方ができることになります。

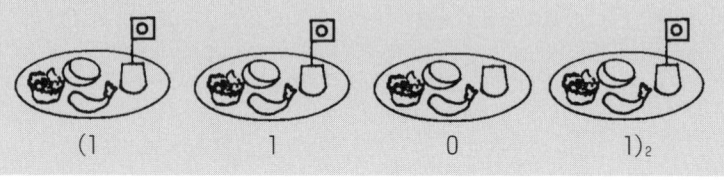

(1　　1　　0　　1)₂

例. ✋ を (00001)₂ とするとき、🤘 は2進法で (10011)₂ となります。

5.8 章末問題

【問題42】 ✋ を $(10001)_2$ とするとき、🖐 は2進法で ☐ となります。

【問題43】 ある数を2進法で表すと☐☐☐1となります。これはどのような数でしょうか。

答はP182

とんぼが王者なら

　もし人間の代わりに6本足のとんぼが世界を制覇していれば、6進法が使われていたかもしれません。火星人ならぬ8本足の蛸が地球の王者であれば、世の中全てが8進法になっていたでしょう。

〈和布絵〉

チャレンジ！

河渡りの問題

3組の夫婦 A, a, B, b, C, c（大文字＝夫、小文字＝妻）が河を渡ろうと思いました。舟には一度に2人しか乗れません。一方、彼らはきわめて嫉妬深いので、夫は自分の妻が他の夫と乗ることを許せませんし、妻は自分の夫が他の妻と乗ることを許せません。さて、6人は河を渡れるでしょうか？

【答】渡れます

渡った人

1. まず(a, b)が渡る
2. aだけが戻る　　　　　　　b
3. (a, c)が渡る
4. aだけが戻る　　　　　　　b, c
5. (B, C)が渡る
6. (B, b)が戻る　　　　　　　C, c
7. (A, B)が渡る
8. cが戻る　　　　　　　　　A, B, C
9. (b, c)が渡る
10. bが戻る　　　　　　　　　A, B, (C, c)
11. (a, b)が渡る　　　　　　　(A, a), (B, b), (C, c)

メデタシ！

第6章 図形を測る

> 幾何学は数学的考え方の始まりであり、ブレインエクササイズとして現代人が学ぶのにふさわしい。

6.1 点・直線・曲線

点

「点」は、位置があって(位置だけで)広さがないものと定義されます。実際には点を打つとどんなに小さくとも広さができてしまいますが、厳密には広さがあってはなりません。「点」はポイントといわれます。

直線と曲線

点が連続的に動くと線になります。線は本来は長さがあって幅がないのです。点が一定方向に動くと直線になります。直線以外の線を曲線といいます。

直線　　　　　　曲線

● 直線と点

　異なった点を通る直線は1本あって1本に限ります。2点を通る直線はその2点A, B間の最短距離です。直線は限りなくのびていますが、直線の一部で両端を限るものは「線分」、一方の端だけを限るものは「半直線」といわれます。

● 多角形と円

　3個以上の点を順次結び（かつ各線は交わらないものとする）、閉じた領域を作るとき、この領域を多角形といい、点は「頂点」、線分は「辺」といわれます。各頂点において領域内の角を「内角」といいます。

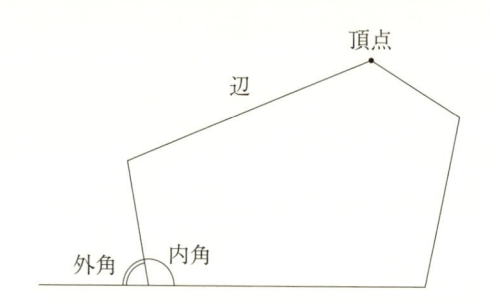

　ある定まった一点から等しい距離の点の動いた跡の曲線で囲まれる領域を「円」といい、その一点を「中心」、その距離を「半径」、その曲線を「円周」といいます。円周の一部の対応する線分を「弦」といいます。

弦が中心において張る角を「中心角」、円周において張る角を「円周角」といいます。

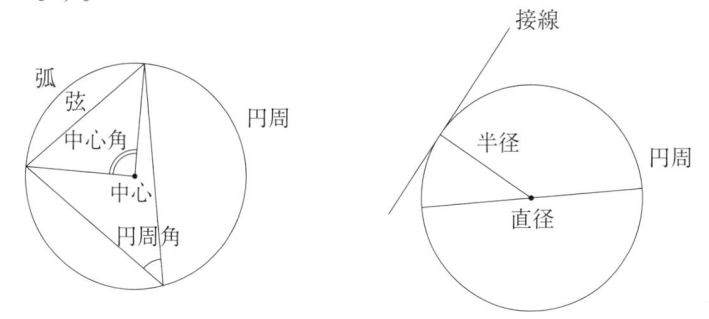

三角形

頂点の和が 3 である多角形を三角形といいます。2 つの角（底角）が等しいとき「二等辺三角形」、全てが等しいとき「正三角形」、1 つの角が直角のとき「直角三角形」といいます。

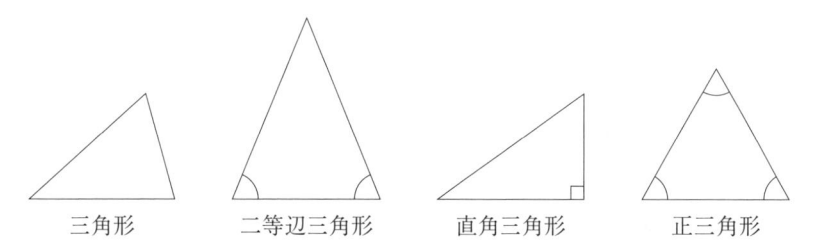

6.2 次元

0 次元から 3 次元までにある点を次元の変化で捉えたのが次の図です。

次元と座標

図形の広がり方を 0 または自然数で表したものを「次元」といいます。点は 0 次元、線は 1 次元、平面は 2 次元であり、2 次元の点は 2 つの数（座標）で表されます。空間は 3 次元であり、その点は 3 つの数（座標）

で表されます。

　　　　0次元　　　　　　1次元　　　　　　　2次元

　　　　　・　　　　　――――――→　　　　　
　　　　　　　　　　　　　　　点

　　　　　　　　　　　3次元

ピタゴラスの定理

　ピタゴラスの定理をご存じですか。
①直角三角形の各辺の長さに、連続する自然数をあてはめることができますか。
②辺の長さが連続する奇数の自然数であるような直角三角形はありますか。

　ヒント　$a^2+b^2=c^2$です。

　　　　【答】①できます（3, 4, 5）
　　　　　　　②ありません（a, bが奇数なら、cは偶数となります）

第 6 章　図形を測る

図形（点の集合）

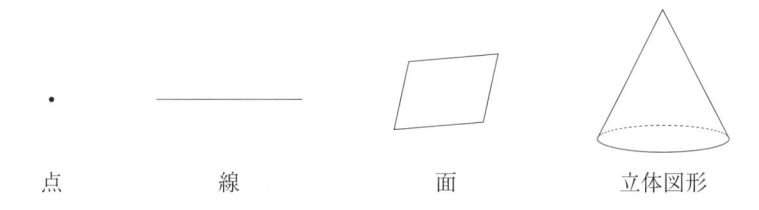

点　　　　線　　　　面　　　　立体図形

6.3　平面図形と立体図形

平面図形

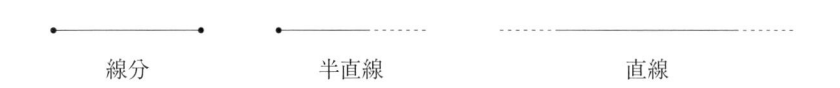

線分　　　　半直線　　　　　直線

　2つの線分からなる角度が90度より小さいときを鋭角、ちょうど90度になるときを直角、90度より大きいときを鈍角と呼びます。

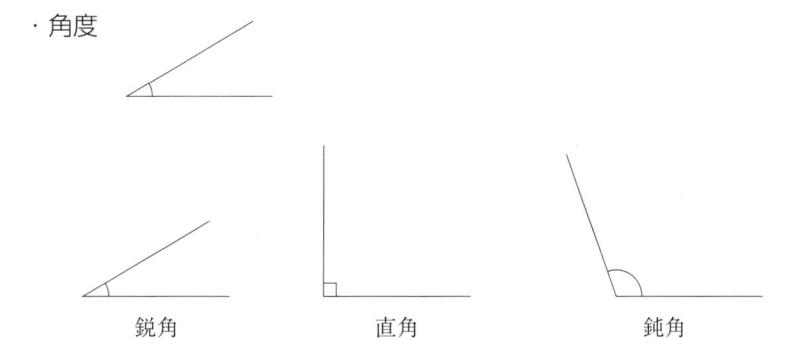

・角度

鋭角　　　　　直角　　　　　鈍角

・2直線の関係

　2つの直線があるとき、平行でなければどこかで交わります。2つの直線は、平行であるか、交わるかのいずれかです。

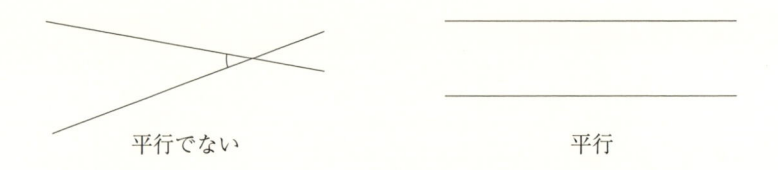

平行でない　　　　　　　　平行

・角度の呼び方
　2直線あるいは3直線で作られる角度の呼び方には、ルールがあります。

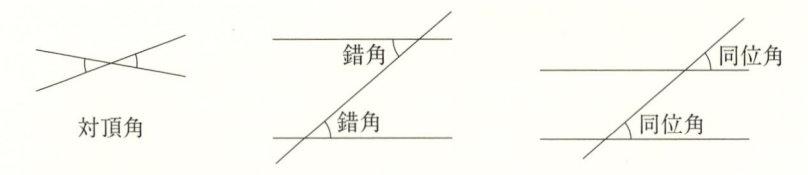

対頂角　　　　　錯角　　　　　　同位角

・四角形（四辺形）
　三角形に次いで基本的な4つの辺からなる四角形はその形により呼び方が決まっています。また、内角と外角の和は180度になります。2辺が平行なとき台形で、他の2辺が等しい長さのとき等脚台形といいます。

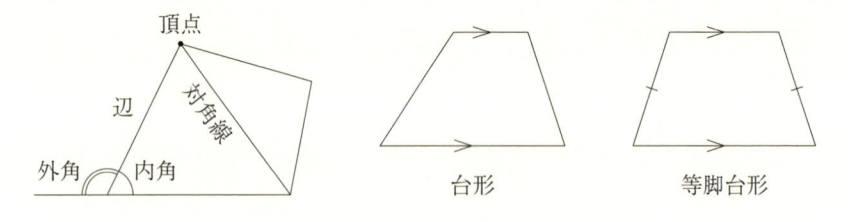

頂点　辺　対角線　外角　内角　　台形　　等脚台形

　2組の辺が平行のとき平行四辺形、さらに長さが等しい場合「ひし形」、平行四辺形で、内角が直角のとき長方形、さらに長さが全て等しいとき正方形といいます。

第6章　図形を測る

平行四辺形

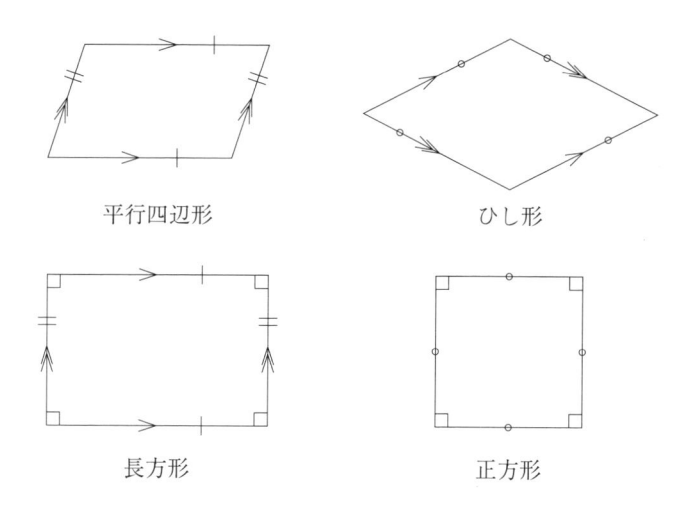

ひし形

長方形

正方形

● **立体図形**

3次元の図形の基礎は点、直線、面です。

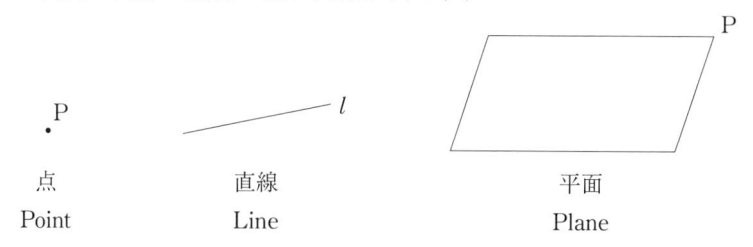

点
Point

直線
Line

平面
Plane

3次元では、平行でない2直線が交わらないケースがあります。これを**ねじれの位置**にあるといいます。2直線が交わらず、しかも一つの平面内にあるとき、「平行」といいます。平行な2直線の隔たりは一定です。

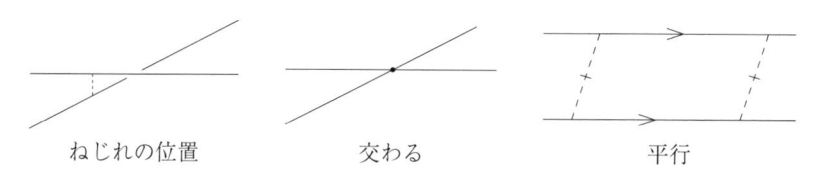

ねじれの位置

交わる

平行

2平面が交わらないとき「平行」といいます。平行でない2平面は一直線（交線）で交わります。その交わる角（交角）は交線における2垂線の交角と定めます。

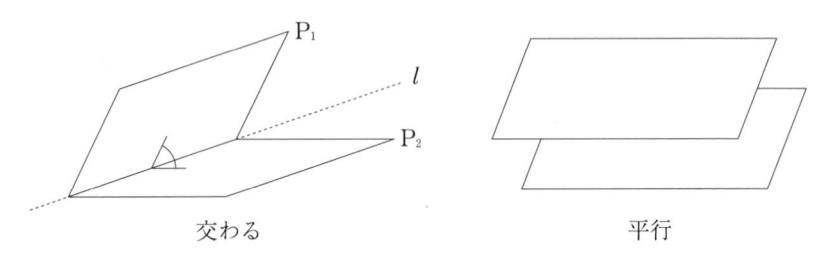

交わる　　　　　　　　　　　　平行

点が直線上にないとき、直線に直交する線分（垂線）を表すことができます。直線と平面は交わらない（平行）か一点で交わる、あるいは直角に交わることもあります。これは交点を通る平面内の2直線と直交することです。

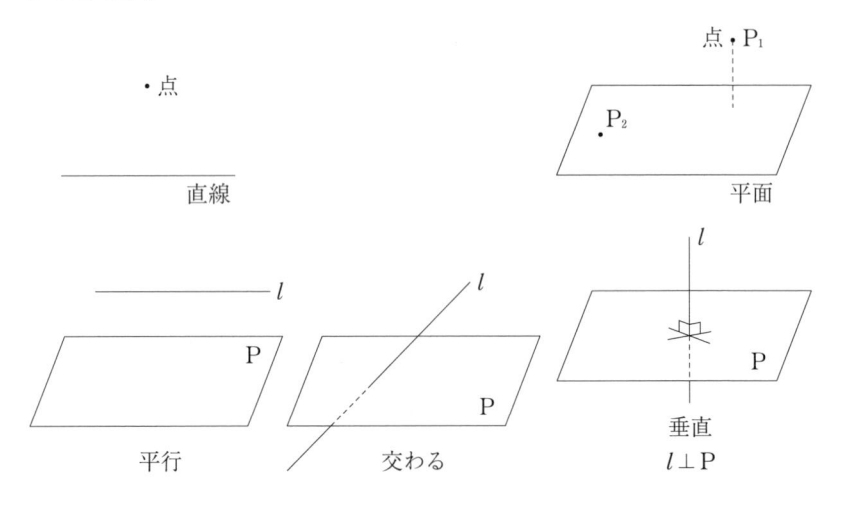

・点

直線　　　　　　　　　　　　　平面

平行　　　　交わる　　　　垂直
　　　　　　　　　　　　　$l \perp P$

3平面内の関係はいろいろですが、平行な2平面と第3の平面が交わるとき、交線は平行となります。

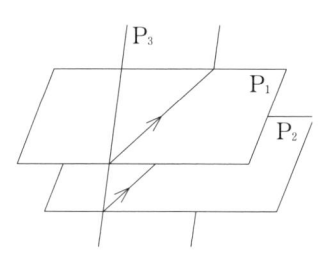

完全数

「完全数」というものを聞いたことがありますか。自然数で、その数自身を除く全ての約数の和になっているような数です。

例えば6の約数は1, 2, 3です。この約数を全て足し合わせると1+2+3=6です。ですから、6は完全数です。

496についてみますと$496=2^4×31$ですから、
約数は1, 2, $2^2=4$, $2^3=8$, $2^4=16$, 1×31=31, 2×31=62, $2^2×31=124$, $2^3×31=248$

この約数を全て足し合わせると
1+2+4+8+16+31+62+124+248=496
となりますから、496は完全数です。

30までの自然数の中でもう一つ完全数があります。見つけてください。

【答】28=1+2+4+7+14

●さまざまな図形の計量

図形の長さ、面積、表面積、体積、角度を「計量」といい、それぞれ重要な公式があります。三角形、四角形の面積を求めるには

> 三角形の面積＝底辺×高さ÷2
> 四角形の面積＝底辺×高さ

a．扇形に関する基本公式

> 弧の長さ　$l=$ 円周 $\times \dfrac{中心角}{360°} = 2\pi r \times \dfrac{x}{360}$
> 円周率を π とします。
> 面積　$S=$ 円の面積 $\times \dfrac{中心角}{360°} = \pi r^2 \times \dfrac{x}{360}$

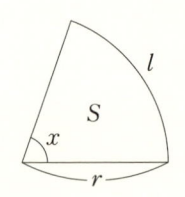

例1．半径4cm、中心角60°の扇形の弧の長さと面積を求めましょう。

$$弧の長さは、l = 2 \times \pi \times 4 \times \frac{60}{360} = \frac{4}{3}\pi \text{（cm）}$$

$$面積は、S = \pi \times 4^2 \times \frac{60}{360} = \frac{8}{3}\pi \text{（cm}^2\text{）}$$

例2．右図の▨の部分の面積と周の長さを求めましょう。

$$面積は、S = \pi \times 8^2 \times \frac{60}{360} - \pi \times 4^2 \times \frac{60}{360}$$
$$= 8\pi \text{（cm}^2\text{）}$$

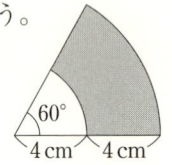

周の長さは、

$$2 \times \pi \times 4 \times \frac{60}{360} + 2 \times \pi \times 8 \times \frac{60}{360} + 4 \times 2$$
$$= \frac{4}{3}\pi + \frac{8}{3}\pi + 8$$
$$= 4\pi + 8 \text{（cm）}$$

b. 球に関する基本公式

表面積　$S = 4 \times \pi \times (半径)^2 = 4\pi r^2$

体積　$V = \dfrac{4}{3} \times \pi \times (半径)^3 = \dfrac{4}{3}\pi r^3$

例1. 半径 3 cm の球の表面積と体積を求めましょう。

　　　表面積は、$S = 4 \times \pi \times 3^2 = 36\pi\ (\text{cm}^2)$

　　　体積は、$V = \dfrac{4}{3} \times \pi \times 3^3 = 36\pi\ (\text{cm}^3)$

例2. 右図の ▇ の部分を AB を軸に回転してできる立体の体積を求めましょう。

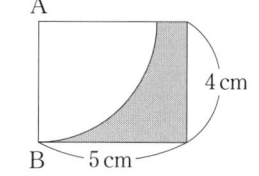

　AB を軸として ▇ の部分を回転してできる立体は、底面の半径が 5 cm、高さが 4 cm の円柱から半径 4 cm の球の半分を引いたものであることから、体積 V は次のようになります。

$V = 5^2 \times \pi \times 4 - \dfrac{1}{2} \times \dfrac{4}{3} \times \pi \times 4^3$

　$= 100\pi - \dfrac{128}{3}\pi$

　$= \dfrac{172}{3}\pi\ (\text{cm}^3)$

c. 立体と展開図

立体を平面的に理解するためには展開図が重要です。

問1．右の図の立方体の面 ABCD には「な」、面 CGHD には「す」の文字が書かれています。下の展開図に「な」、「す」の文字を位置も向きも正しくなるように書き入れましょう。

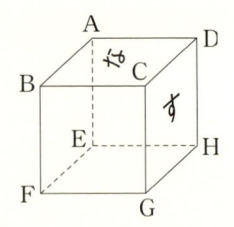

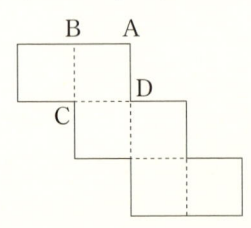

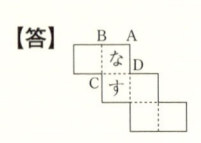

【答】

問2．次の展開図の中で立方体にならないのはどれですか。

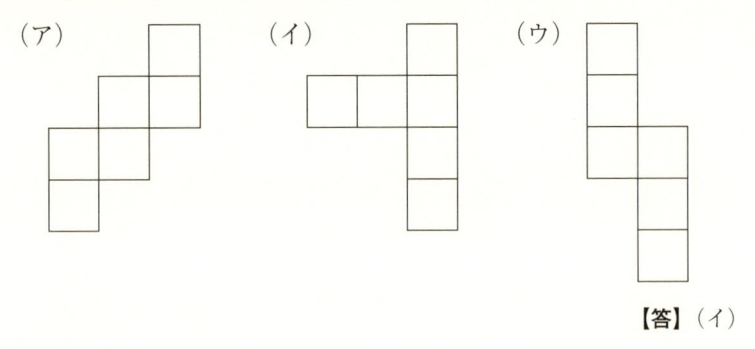

（ア）　　　（イ）　　　（ウ）

【答】（イ）

6.4　章末問題

【問題44】次の立方体の展開図を組み立てたとき、側面に「まらそん」と並ぶようにしたいのですが、○のところに次のうちどれを書いたらよいでしょうか。

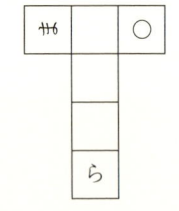

　　　1．そ　　2．ゃ　　3．や　　4．え

第6章　図形を測る

【問題45】 次の立方体の展開図を組み立てたとき、側面に「おれんじ」と並ぶようにしたいのですが、○のところに次のうちどれを書いたらよいでしょうか。

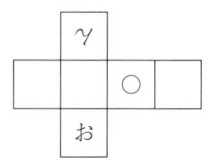

1. れ　　2. 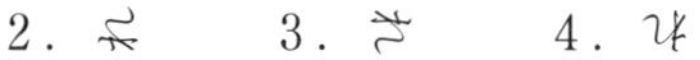 ん　　3. さ　　4. じ

【問題46】 右の図の立方体において、角度∠DBFは◯◯◯になります。

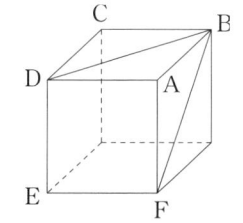

ア．30°　　イ．45°　　ウ．60°
エ．90°　　オ．120°

答はP182

哲学者カント

　哲学者として有名なカントは、ケーニヒスベルク（現在のカリーニングラード）の町を離れることなく、執筆と講義、長い昼食と時間通りの散歩という規則正しい日々を送りました。あまりに時間に正確な散歩であったため、町の人々はカント先生の姿を見て自分の時計を合わせたそうです。そのためカント先生のあだ名は「時計」になりました。

チャレンジ！

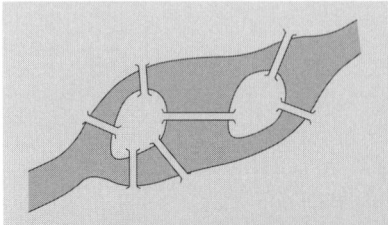

ケーニヒスベルクの橋渡り

かつての東プロシャの首都ケーニヒスベルクには絵のように中の島をはさんでプレーゲル川が流れていました。この川に7本の橋がかかっています。同じ橋を二度渡ることなく、すべての橋を一度ずつ渡って町を散歩することはできるでしょうか。

これは一筆書きができるかできないかという問題と同じです。カント先生なら渡ることができたでしょうか。

【答】できません

次のように考えましょう。

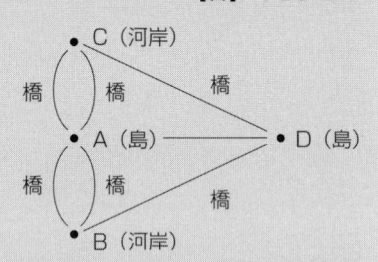

橋の両端には地点が2つあります。例えば、Bから出てDに入る、あるいはDから出てBに入る橋ですね。ところで、Bから出るのなら、Bに入る道（橋）があるはずで、Bには2本なければいけません（例外あり）。またDに入るならDから出て行かなければいけません（例外あり）。つまりBにもDにも橋は2本かかっていなければなりません。もう少し正確にいうと、各地点には入る橋と出る橋が1本ずつあるはずで、各地点には偶数の橋がかかっていなければいけません。

もっとも、出発点あるいは終着点だけは奇数本でいいわけです。

したがって、すべての点に偶数本の橋がかかっているか、2つの点だけに奇数本の橋がかかっている場合に限られます。上を見てください。B, C, Dの3点に奇数本の橋がかかっていますね。したがって不可能です。

第7章 方程式と不等式

> ここからが数学的学びの本格的な始まりである。

7.1 1次不等式と数直線

　ある数 x がある値、例えば 2 より大きいことを示すのに、数直線を用いて図示することがあります。x がある値より大きい（$x>\square$）、またはある値より小さい（$x<\square$）ときは、数直線上に白丸を付け、範囲を斜めにするのが習慣です。一方、x がある値以上（$x\geqq\square$）、またはある値以下（$x\leqq\square$）のときは、値 x を含むことを明らかにするために、数直線上に黒丸を付け、範囲を直角に立ち上げるのが習慣です。

　最初に、等号が入らない範囲を示しましょう。まず 2 より大きい範囲です。「より」という表現はその値を含みません。

$x>2$

のように、2 が含まれないわけですから、2 から直線を斜めに立ち上げ、2 という値は範囲に含まれないことを示します。2 より大きい範囲ですから、右向きの範囲となります。

次に、2より小さい範囲です。「より」ですから2は含みません。

$x<2$

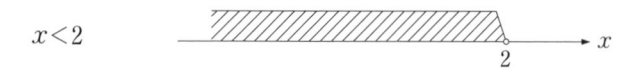

のように、2から直線を斜めに立ち上げ、2という値は範囲に含まれないことを明確にするのは同様ですが、2より小さい範囲ですから、左向きの範囲となります。

次に、等号が含まれる場合を考えましょう。例えば−1以上の場合です。「以上」「以下」という表現をするときは、その値を含みます。

$x \geqq -1$

のように、−1が含まれるわけですから、−1から直線を真上に立ち上げ、−1という値が範囲に含まれることを示します。−1以上の範囲ですから、右向きの範囲となります。

次に3以下の場合です。

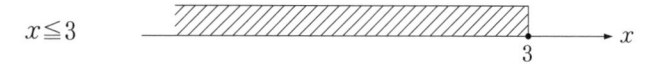

$x \leqq 3$

のように、3が含まれるわけですから、3から直線を真上に立ち上げ、3という値が範囲に含まれることを示します。3以下の範囲ですから、左向きの範囲となります。

例1． x の範囲に2つの条件が付いた場合、2つの範囲がわかりやすいように下記のように記します。重なった箇所が求める範囲です。

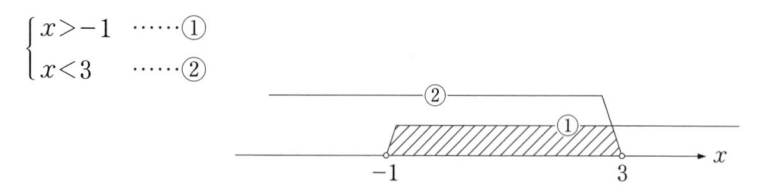

$$\begin{cases} x > -1 & \cdots\cdots ① \\ x < 3 & \cdots\cdots ② \end{cases}$$

7.2　1次方程式　およびグラフ、領域

1次方程式の解

　文字を含む等式を**方程式**といいます。この言葉は中学校以来おなじみでしょう。算数と数学の違いはここにあるのです。キーポイントは2つ。

　1）移項する

　2）両辺に同じ数をかける（同じ数で割る）

　方程式の文字に当てはまる答を**解**といい、その解を求めることを、**方程式を解く**といいます。

　例えば $x-5=4$ であるとき、移項して（5を=の反対側に移して符号を変え）$x=4+5=9$ と値が求まります。

　また分数の式 $\frac{1}{7}x=5$ に対しても、両辺に7をかけることにより $x=7\times5=35$ という値が求まります。

例1．$14=3x+5$ であるとき、$3x=14-5=9$ よって $x=3$ となります。

例2．$4(2x-3)=28$ であるとき、両辺を4で割って $2x-3=7$　$2x=10$ したがって $x=5$ となります。

直線の傾き

　一般に変数 x, y が比例の関係 $y=ax$（a は定数）で表されるとき、このグラフは原点を通る直線となります。a を直線の**傾き**といい、a が1, 2, 3などの場合、直線は図のようになります。この傾き a は x が一単位量増えたときの y の増加の量を示します。例えば $y=2x$ においては、x が1単位増えたとき、y はその2倍の2単位増加することを表しています。

　このように関係式（関係を表す式）は、x, y を表す2本の数直線を用いて平面で表現されます。これを x, y の「2次元座標平面」といいます。

この直線を"関係式のグラフ"ということがあります。

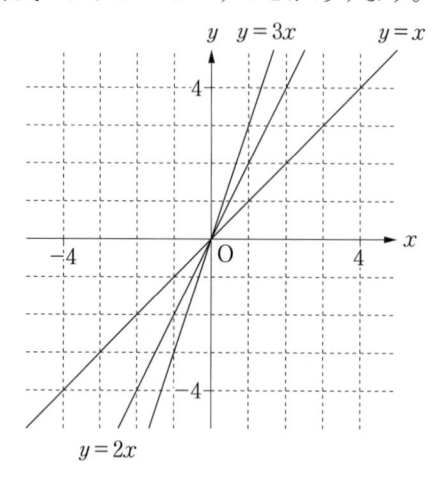

$y=-x,\ y=-2x,\ y=-3x$ の3つの負の傾きは図のようになります。

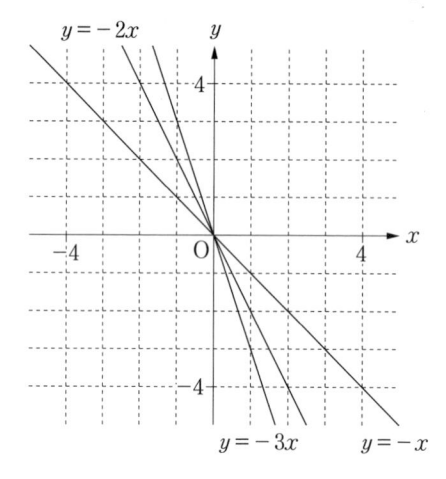

直線の y 軸方向への平行移動を見ましょう。

$y=2x$ を基本にして、y 軸方向に3移動したのが $y=2x+3$ であり、-2 移動したのが $y=2x-2$ です。

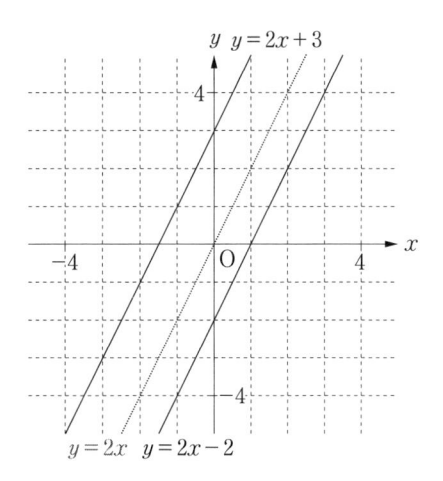

第 7 章 方程式と不等式

次に直線の x 軸方向への平行移動を考えましょう。

例えば x 軸方向に -3 移動する場合、x の代わりに $x+3$ を代入した式となり、x 軸方向に 2 移動する場合、x の代わりに $x-2$ を代入した式となります。

$y=2x$ を基本にして x 軸方向に -3 移動したのが　$y=2(x+3)$

$y=2x$ を基本にして x 軸方向に 2 移動したのが　$y=2(x-2)$ です。

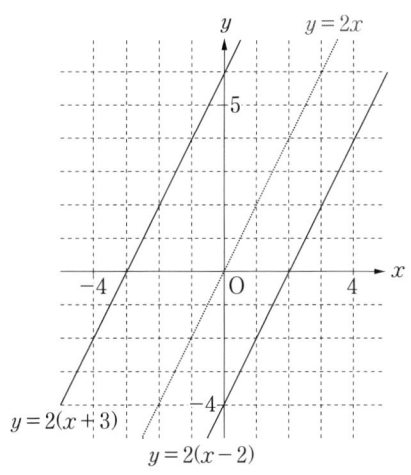

領域

x, y の範囲が決まっているとき、これを xy 座標面で表すことがあります。等号がある場合は直線上も含みます。

範囲が直線で示された場合、例えば $x≦0$ であれば、まず $x=0$ を引き、その左側が範囲となります。等号を含んでいますから $x=0$ の直線上も含みます※参照（1）。$-3<x≦2$ であれば -3 より大きく 2 以下ですから、$x=-3$ の直線上は含みませんが、$x=2$ の直線上は含みます※参照（2）。

次に、y に関してみてみましょう。$y≦2$ は 2 以下ですから直線 $y=2$ を含み、この直線より下の領域を範囲としますし※参照（3）、$-1<y<1$ はいずれも等号がありませんから、1 と -1 で囲まれる領域が範囲となり、直線上を含みません※参照（4）。$-2≦y≦1$ の場合も、直線上を含むかどうか、間違えないようにしましょう。等号の場合だけ含むのです※参照（5）。

また $y≧2x+3$ であれば、まず直線 $y=2x+3$ を座標上に描き、その直線、および直線より上が条件を満たす範囲となります※参照（6）。$y<-2x+3$ であればその直線より下が条件を満たす範囲となります。この場合は、等号がありませんから、直線は含みません※参照（7）。

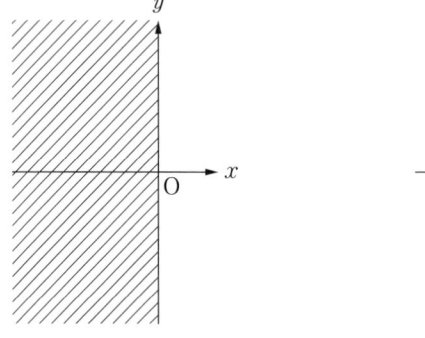

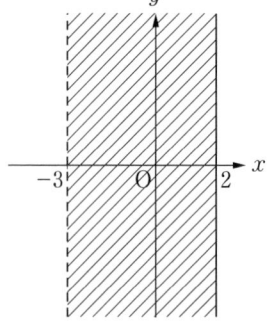

（1）$x≦0$ 　　　　　　　　（2）$-3<x≦2$

第 7 章　方程式と不等式

（3）$y \leqq 2$

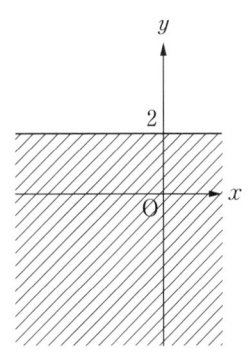

（4）$-1 < y < 1$

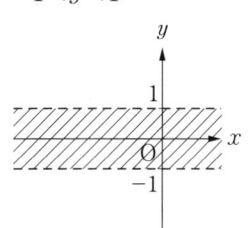

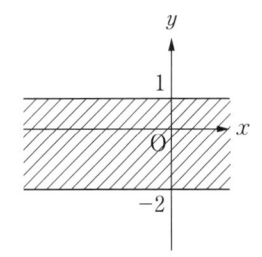

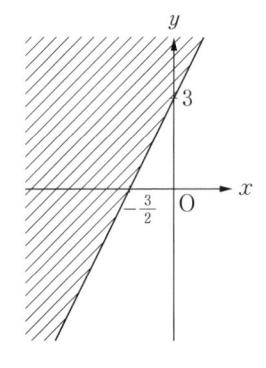

（5）$-2 \leqq y \leqq 1$

（6）$y \geqq 2x+3$

（7）$y < -2x+3$

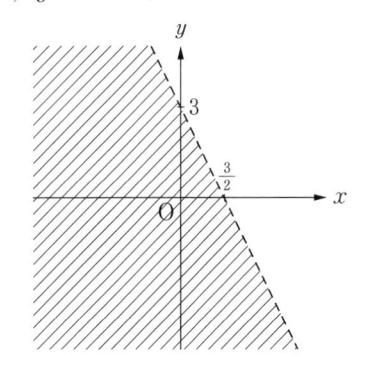

7.3　2次方程式　およびグラフ、領域

　(xの2次式)＝0という形になる方程式を、xについての **2次方程式** といいます。2次方程式にあてはまる文字の値を、その方程式の"解"といい、解を全て求めることを"2次方程式を解く"といいます。

●2次方程式の解き方

　まず2次方程式を平方根の意味にもとづいて解いてみましょう。

　$(x+m)^2=n$ を解くには両辺の二乗をはずします。すると $x+m=\pm\sqrt{n}$ これより $x=-m\pm\sqrt{n}$ となります。

　例えば、$(x-3)^2=5$ を解くにはまず両辺の二乗をはずし、$x-3=\pm\sqrt{5}$ となることから、$x=3\pm\sqrt{5}$ が求まります。

●2次方程式と因数分解

　2次方程式を解くために、因数分解の公式を覚えておきましょう。

（1）共通因数を括弧の外にくくり出すのは、最初に気をつけることです。$AB+AC=A(B+C)$, $AC+BC=(A+B)C$ ですから $x^2-3x=x(x-3)$ となります。さらに次の公式を利用できます。

（2）$a^2+2ab+b^2=(a+b)^2$

　　　例えば $x^2+10x+25=(x+5)^2$ となります。

（3）$a^2-2ab+b^2=(a-b)^2$

　　　例えば $x^2-6x+9=(x-3)^2$ です。

（4）$a^2-b^2=(a+b)(a-b)$

　　　例えば $x^2-9=(x+3)(x-3)$ です。

（5）$x^2+(a+b)x+ab=(x+a)(x+b)$

　　　例えば $x^2+9x+14=(x+7)(x+2)$。さらに $-3x^2+14x+5=-(3x^2-14x-5)=-(3x+1)(x-5)$ などとなります。

公式は基本ですからしっかりと身につけましょう。試しに次の問を解いてみましょう。

問1. $x^2+2x-8=(x-2)()$ 【答】$x+4$
問2. $x^2-7x-8=(x+1)()$ 【答】$x-8$
問3. $x^2+3x=x()$ 【答】$x+3$
問4. $x^2+5x-14=()()$ 【答】$x-2$と$x+7$
問5. $x^2-8x+12=()()$ 【答】$x-2$と$x-6$

●原点を通る放物線

関数$y=ax^2$（aは定数）により描かれる曲線を**放物線**といいます。放物線は限りなくのびた曲線で、線対称な図形です。その対称の軸を**放物線の軸**といい、軸と放物線の交点を**放物線の頂点**といいます。

（1）関数$y=x^2$, $y=2x^2$, $y=3x^2$のグラフは放物線で、その軸はy軸、頂点は原点です。このグラフはx軸上の上側にあり、上に開いています。x^2の前につく係数、1, 2, 3は放物線の開き方を示しますが、$y=x^2$が基本です。$y=2x^2$は$y=x^2$の2倍だけyの値が大きくなります。$y=3x^2$は$y=x^2$の3倍だけyの値が大きくなります。

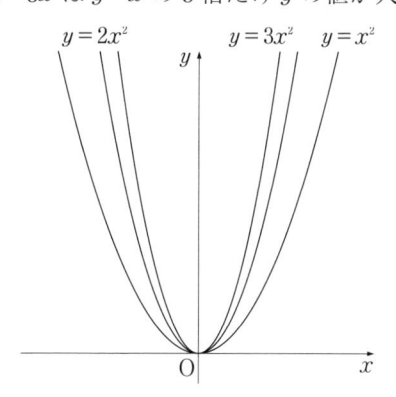

（2）関数 $y=-x^2$, $y=-2x^2$, $y=-3x^2$のグラフは放物線で、その軸はy軸、頂点は原点です。このグラフはx軸上の下側にあり、下に開いています。x^2の前につく係数、-1, -2, -3は放物線の開き方を示しますが、$y=-x^2$が基本です。$y=-2x^2$は$y=-x^2$の2倍だけyの値が小さくなります。$y=-3x^2$は$y=-x^2$の3倍だけyの値が小さくなります。

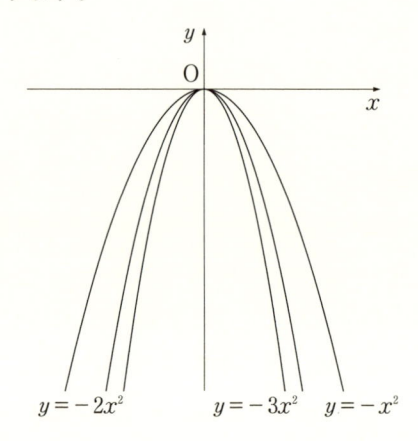

y軸方向の平行移動

前節7.2において直線のy軸方向への平行移動を学びました。原点を通る放物線の平行移動の考え方も同じです。

$y=x^2$をy軸に平行に5だけ移動したのが$y=x^2+5$であり、$y=2x^2$をy軸に平行に5だけ移動したのが$y=2x^2+5$です。移動する前の$y=x^2$および$y=2x^2$が基本のグラフになります。また、$y=-x^2$をy軸に平行に5だけ移動したのが$y=-x^2+5$です。$y=-2x^2$をy軸に平行に5だけ移動すると$y=-2x^2+5$になります。

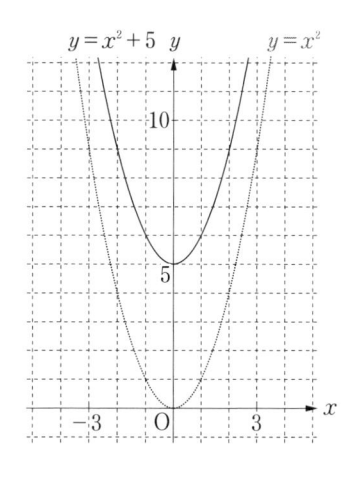

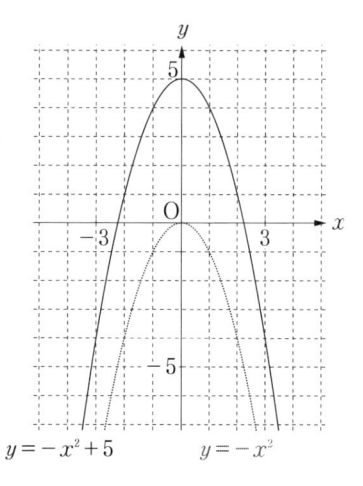

$y=x^2$ を y 軸に平行に -2 だけ移動したのが $y=x^2-2$ であり、$y=2x^2$ を y 軸に平行に -2 だけ移動したのが $y=2x^2-2$ です。移動する前の $y=x^2$ および $y=2x^2$ が基本のグラフになります。また、$y=-x^2$ を y 軸に平行に -2 だけ移動したのが $y=-x^2-2$ です。つねに原点を通る放物線を基本として考えましょう。

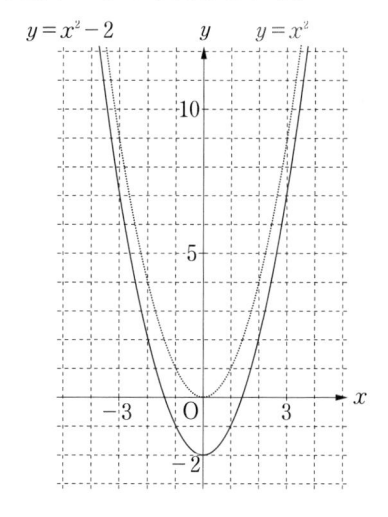

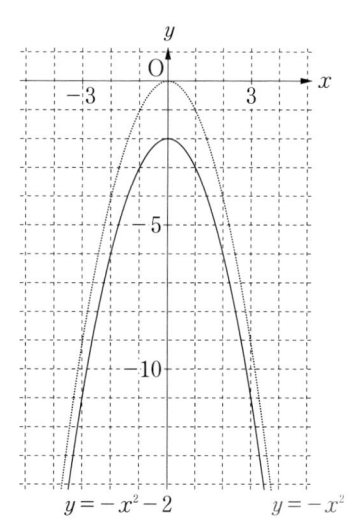

● x 軸方向の平行移動

$y=x^2$ を x 軸に平行に 2 移動したものが $y=(x-2)^2$ であり、$y=2x^2$ を x 軸に平行に 2 移動したものが $y=2(x-2)^2$ です。移動する前の $y=x^2$ および $y=2x^2$ が基本となります。

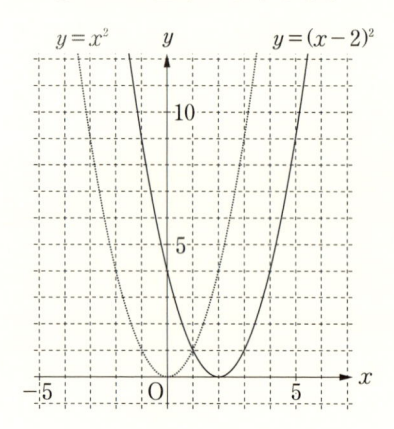

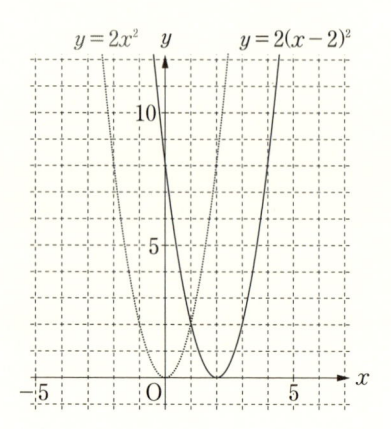

$y=x^2$ を x 軸に平行に -3 移動したものが $y=(x+3)^2$ であり、$y=2x^2$ を x 軸に平行に -3 移動したものが $y=2(x+3)^2$ です。やはり移動する前の $y=x^2$ および $y=2x^2$ が基本となります。

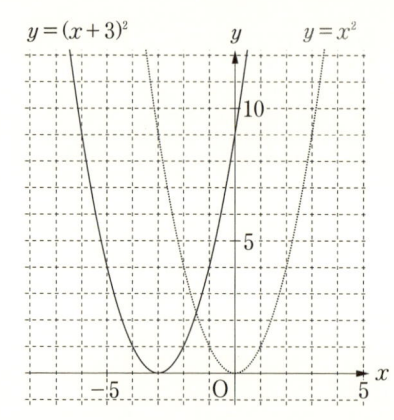

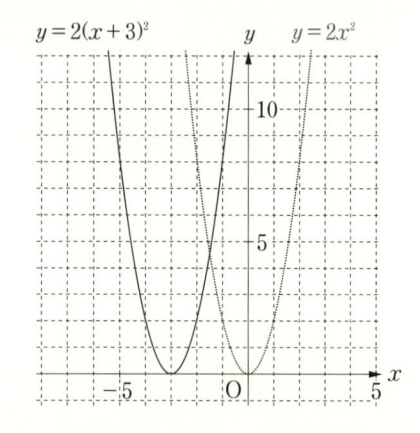

7.4 多項式の展開と因数分解
多項式の展開

$3a, ab, a, 400$ のように、数や文字について乗法だけでできている式を、**単項式**といいます。$3a+ab+400, 50a+80b$ のように、単項式の和の形で表された式を**多項式**といいます。そして式 $3a+ab$ のひとつひとつの単項式 $3a, ab$ を多項式 $3a+ab$ の項と呼びます。$5a-3b+4b-2a$ のような式において $5a$ と $-2a$、$-3b$ と $4b$ のように、文字の部分が同じ項を**同類項**といいます。同類項をまとめ、式を簡単にすると後の計算がしやすくなります。

式の展開は $a(b+c)=ab+ac$ $(a+b)c=ac+bc$ のように行います。

また、多項式を単項式で割るには、数の場合と同様に行えばよいのです。例えば $(6a^2-12a)\div 3a=2a-4$ のようにします。分数をともなう単項式で割る場合も、数の場合と同様です。つまり $3\div\dfrac{1}{-3}=-3\times 3=-9$ のように、$(3a^2-6ab)\div\left(-\dfrac{a}{3}\right)=-(3a^2-6ab)\times\dfrac{3}{a}=-9a+18b$ とすればよいのです。

多項式の乗法については左の項を順に右の項にかけていきましょう。順序正しく行えばミスが起こらないでしょう。一般に $(a+b)(c+d)=ac+ad+bc+bd$ ですが、具体的には $(3a+5)(3a-1)=9a^2-3a+15a-5=9a^2+12a-5$ のように使います。 次に式の展開を行いましょう。

$(x+a)^2=x^2+2ax+a^2$

$(x-a)^2=x^2-2ax+a^2$

$(x+a)(x-a)=x^2-a^2$

$(x+a)(x+b)=x^2+(a+b)x+ab$

$(a+b+c)^2=a^2+b^2+c^2+2ab+2bc+2ca$ (ab, bc, ca の順に式を整理します)

これらの式を利用すれば次項で学ぶ因数分解を行うことができます。

多項式の因数分解

整数がいくつかの整数の積の形に表されるとき、このひとつひとつの数をもとの数の**因数**といいます。15は3×5と表せるので3, 5は15の因数ですし、72は8×9と表せるので8, 9は72の因数です。また72は2×2×2×3×3と表せるので2, 3は72の因数であり、2×2＝4, 2×3＝6, さらに2×2×3＝12なども72の因数です。ある整数を素数である因数の積で表すことを**素因数分解する**といい、素数である因数を**素因数**といいます。

例1. 84は2×2×3×7＝2^2×3×7となり、84の素因数分解が得られます。

例2. 135＝5×3^3となり、135の素因数分解が得られます。

次に多項式を考えてみましょう。考え方は同じです。

$x^2-16=(x-4)(x+4)$ であることから、整数の場合と同じように $x-4$, $x+4$ を x^2-16 の因数といいます。多項式をいくつかの因数の積の形に表すことを、もとの多項式を**因数分解する**と表現します。多項式を因数分解することと、因数分解の形で示された式を展開することは対になっていると考えていいでしょう。これを示すと

　　展開：$(x+4)(x-4) \Rightarrow x^2-16$

　　因数分解：$(x+4)(x-4) \Leftarrow x^2-16$

となります。因数分解を行う前に次のことを知っておくとよいでしょう。

Ⅰ. 共通因数をとり出す　　$Mx+My=M(x+y)$

　　A：$8x^2+4x=4x(2x+1)$

　　B：$3ax-6a=3a(x-2)$

Ⅱ. 乗法の公式 $a^2-b^2=(a+b)(a-b)$ を使った因数分解

A：$9x^2-4=(3x+2)(3x-2)$

B：$36x^2-49y^2=(6x+7y)(\boxed{})$ 【答】$6x-7y$

Ⅲ．乗法の公式 $a^2+2ab+b^2=(a+b)^2$ を使った因数分解

A：$x^2+10x+25=(x+5)^2$

B：$x^2+14x+49=(\boxed{})^2$ 【答】$x+7$

C：$4x^2+12xy+9y^2=(2x+\boxed{})^2$ 【答】$3y$

Ⅳ．乗法の公式 $a^2-2ab+b^2=(a-b)^2$ を使った因数分解

A：$25x^2-30x+9=(5x-3)^2$

B：$16y^2-56y+49=(\boxed{})^2$ 【答】$4y-7$

C：$4x^2-\boxed{}x+1=(\boxed{}x-1)^2$ 【答】$4x^2-\boxed{4}x+1=(\boxed{2}x-1)^2$

Ⅴ．乗法の公式 $x^2-(a+b)x+ab=(x+a)(x+b)$ を使った因数分解

A：$x^2+7x+10=(x+2)(x+5)$

B：$y^2+7y+6=(\boxed{})(y+1)$ 【答】$y+6$

C：$x^2+11x+24=(\boxed{})(\boxed{})$ 【答】$x+3$と$x+8$

D：$ax^2+2ax-8a=a(x^2+2x-8)=a(\boxed{}+4)(\boxed{})$

【答】$a(\boxed{x}+4)(\boxed{x-2})$

E：$-2ay^2+2ay+4a=-2a(y^2-y-2)=-2a(y-\boxed{})(\boxed{})$

【答】$-2a(y-\boxed{2})(\boxed{y+1})$

フェルマーの最終定理

フェルマーの最終定理はピタゴラスの定理に似ていますが、1994年にアンドリュー・ワイルズが解くまで、なんと300年以上も「なぞ」とされていました。それは「n が3以上の自然数であれば、$x^n+y^n=z^n$ を満たす自然数 x, y, z は存在しない」という定理です。

ワイルズの証明は200ページ以上にもなり、証明にはフェルマーの時代にはなかった数学の考えが使われました。しかし、フェルマーは1637年に、古代ギリシャの数学者ディオファントスの著作『算術』の余白に次のようにメモ書きを残したのです。「わたしはこの定理の驚くべき証明を発見したが、この余白には書ききれない」。ガウス、ルジャンドル、ソフィー・ジェルマン、クンマーのような最も優れた数学者たちは、何世紀にもわたってこの奇妙な暗示に関心を持ち続けました。

$n=3$ のとき、5通りやってみてください。やはり存在しないでしょう？

7.5 章末問題

次に与えられた問題を解いていきましょう。

【問題47】 示された範囲を数直線で示しましょう。

$$\begin{cases} x > -1 & \cdots\cdots ① \\ x \leq 3 & \cdots\cdots ② \end{cases}$$

【問題48】 $-3x+10=4$ であるとき x を求めましょう。

【問題49】 $3(2x+3)=-3$ であるとき x を求めましょう。

【問題50】 $ax^2-2ax-8a=a(x^2-2x-8)=a(\boxed{}-4)(\boxed{})$

【問題51】 $-2ay^2-2ay+4a=-2a(y^2+y-2)=-2a(y+\boxed{})(\boxed{})$

答は P182

第 7 章　方程式と不等式

友愛数

「友愛数」（友だち数）は、M, N という 2 つの自然数で
　　M は N のそれ自身を除く全ての約数の和
　　N は M のそれ自身を除く全ての約数の和
になっているような数の組です。(220, 284) についてみてみましょう。
　　220 の約数は、1, 2, 4, 5, 10, 11, 20, 22, 44, 55, 110、
　　284 の約数は、1, 2, 4, 71, 142
です。
　このとき、
　　220＝1＋2＋4＋71＋142（284 の約数の和）
　　284＝1＋2＋4＋5＋10＋11＋20＋22＋44＋55＋110（220 の約数の和）
となりますから、この 2 組の数は友愛数です。
　(1184, 1210) は友愛数となることがわかりますか。ちょっと数は大きいですが、自分で試してみましょう。

第 8 章 連 立 方 程 式

いくつかの変数を組み合わせて答を求める方法を身につけよう。

8.1 連立方程式とは

　連立方程式とは何でしょうか。あまり親しみがない言葉ですが、2つ以上のものが組み合わさっていることを「連立」といいます。

$$\begin{cases} 2x+5=21 & \cdots\cdots① \\ 3x+7=31 & \cdots\cdots② \end{cases}$$

これは連立方程式ではありません。1次方程式です。連立方程式では変数も2つ以上あって、それが組み合わされています。

$$\begin{cases} 2x+3y=1 & \cdots\cdots① \\ 5x-3y=13 & \cdots\cdots② \end{cases}$$

　この式では変数が2つあり方程式も2つあります（番号をつけます）。変数の個数は2つなければいけません。**組み合わせ**ということを示すために { を付けることになっています。

　変数3つ、方程式3つなら3元連立方程式といわれます。次のようなものです。

$$\begin{cases} 3x+5y+2z=3 & \cdots\cdots ① \\ 6x-y+3z=16 & \cdots\cdots ② \\ x+3y+5z=4 & \cdots\cdots ③ \end{cases}$$

8.2 連立方程式の解法

$$\begin{cases} 2x+3y=16 & \cdots\cdots ① \\ 5x+7y=38 & \cdots\cdots ② \end{cases}$$

さて、方程式ですから x と y を求めることになります。2つありますので、時には工夫が必要です。「二兎を追う者は一兎をも得ず」といいますが、一度に x, y を求めることはできません。x、その次に y。あるいは y、その次に x の順になります。どちらでもいいのですから、やりやすい方から行えばいいですね。

ではまず x から求めます。①を7倍します。$7(2x+3y)=14x+21y$、$7 \times 16 = 112$ ですから、

$14x+\underline{21y}=112 \cdots ① \times 7$ をやりました。次に、②を3倍します。$15x+\underline{21y}=114 \cdots ② \times 3$、となります。

これで2つの式がでました。上から下を、左辺－左辺、右辺－右辺のようにします[※1]。

$$\begin{array}{r} ① \times 7 \quad 14x+\underline{21y}=112 \quad \cdots\cdots ①' \\ -)\ ② \times 3 \quad 15x+\underline{21y}=114 \quad \cdots\cdots ②' \\ \hline -x=-2 \end{array}$$

$21y$ は消えます。

$$x=2$$

このように、y が消えて（y を消して）、x だけになりました。だから x が求められたのです。そこであとは y を求めます。

①で $x=2$ としますと、$2 \times 2 + 3y = 16$　つまり $3y+4=16$ ですから、$y=4$ となります。以上のことから $x=2, y=4$ と求められます。

第8章　連立方程式

　ここでなぜ7倍や3倍をしたのかわかりますか。$21y$ にするためです。同じ$21y$にすると、引けば0になるからです。①に$3y$、②に$7y$とあるのですから、3と7の最小公倍数である21を使って$21y$にするのが最も近道です。

　さて、このようにyを消してまずxを求め、後からyを求めました。皆さんは練習のためにxを消してyを求め、あとからxを求めてみてください。答はやはり$x=2, y=4$となります。このような方法を「消去法」といいます。

（※1）辺々（へんぺん）引くといいます。

　次の連立方程式を解きましょう。

問1. $\begin{cases} x+3y=1 & \cdots\cdots① \\ x-2y=-4 & \cdots\cdots② \end{cases}$

【答】$(x, y)=(-2, 1)$

問2. $\begin{cases} 2x+y=2 & \cdots\cdots① \\ 3x+2y=-1 & \cdots\cdots② \end{cases}$

【答】$(x, y)=(5, -8)$

問3. 光君は50円のシールと80円のシールあわせて35枚を買いました。80円のシールの代金の方が200円多いとき、50円のシールの代金は□円です。

　　　【答】50円シールをx枚、80円シールをy枚とします。

$$\begin{cases} x+y=35 & \cdots\cdots① \\ 80y=50x+200 & \cdots\cdots② \end{cases}$$

　　　$y=35-x$を②に代入することにより50円シールは20枚、したがって$50 \times 20 = 1000$円です。

8.3 章末問題

【問題52】 $\begin{cases} x+2y=-1 & \cdots\cdots ① \\ x-y=8 & \cdots\cdots ② \end{cases}$

【問題53】 $\begin{cases} 2x-y+1=0 & \cdots\cdots ① \\ 3x-2y-5=0 & \cdots\cdots ② \end{cases}$

【問題54】 ウサギとカラスがあわせて42羽います。カラスの足の数の和はウサギの足の数の和より12本少ないとするとき、ウサギは何羽いますか。

答はP183

第9章 頭の体操❷

…簡単なようで頭をひねる

小中学校で学んだ算数と数学の基本の力が問題を解くポイントである。

9.1 方程式

問1．ある会員制のスナックでは次のような方程式が解けた客にだけお酒を出すそうです。あなたはお酒を出してもらえるでしょうか。

ある数に120を加えた数の3％は、その数の5％になるとき、ある数とは□です。

【答】ある数を x とすると、

$$(x+120) \times \frac{3}{100} = x \times \frac{5}{100}$$

両辺に100をかけると

$$3(x+120) = 5x$$

$$3x + 360 = 5x$$

移項して $-2x = -360$

$$\therefore x = 180$$

したがって、ある数は180

問2．ある営業レディーはバレンタインデーの前日、50円のホワイトチ

ョコレートと80円のオレンジチョコレートあわせて70個買いました。ホワイトチョコの代金の方がオレンジチョコの代金より250円多いとき、ホワイトチョコの代金はいくらですか。また、給料日前で財布には5000円しか入っていません。チョコレートを買った後、財布に残るのはいくらですか。

【答1】ホワイトチョコの数を x、オレンジチョコの数を y として連立方程式を立てると、

$$\begin{cases} x+y=70 \\ 50x=80y+250 \end{cases}$$

となります。これを解いて、$x=45, y=25$
ホワイトチョコの代金は $50 \times 45 = 2250$ 円
オレンジチョコの代金は $2250-250=2000$ 円です。
チョコを買った後、財布に残るお金は
$5000-2250-2000=750$ 円

【答2】もし、この問題を鶴亀算で解くとすると解法は以下になります。
70個のチョコを35個ずつ買ったとすると、
代金の差は $80 \times 35 - 50 \times 35 = 30 \times 35 = 1050$
オレンジチョコの代金が1050円多いことになります。
実際には逆にホワイトチョコの方が250円多いわけですから、
その差は $1050+250=1300$
一方、80円のオレンジチョコをやめ50円のホワイトを買うと、
その差は130円縮まります。
したがって $1300 \div 130 = 10$ より
ホワイトチョコを仮定より10個多く買えばよいことになります。
すなわち、ホワイトチョコ $35+10=45$ 個、
オレンジチョコ $35-10=25$ 個

【問題55】日本に現在ある金種、1円、5円、…、2000円、5000円、10000円の全種類を1つずつ財布に入れると合計 ◯◯◯ 円にな

ります。

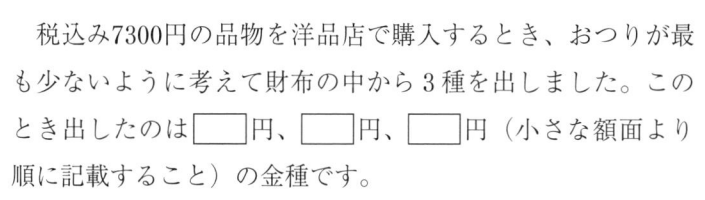

　税込み7300円の品物を洋品店で購入するとき、おつりが最も少ないように考えて財布の中から3種を出しました。このとき出したのは☐円、☐円、☐円（小さな額面より順に記載すること）の金種です。

　隣の文房具店でこのおつりだけを使い1番高い☐円のノートを1冊買うと、外税であったためおつりは☐円となり、財布の1円玉の合計は☐円になりました。ただし、税率5％、小数点は四捨五入とします。

【問題56】 $\frac{3}{5}$ に2を足して3倍したものから、$\frac{3}{5}$ を3倍して2を足したものを引くと☐になります。

【問題57】 $\frac{3}{4}$ に3を足して3倍した値から $\frac{3}{4}$ を2倍して3を引いた値を引いた値に最も近い整数は☐です。

【問題58】 2桁の自然数があります。十の位を2倍にした数は一の位の数より1大きく、十の位と一の位を入れかえた数は、もとの数より36大きくなるとき、もとの数はいくつですか。

答は P183

9.2　不等式

問1．不等式 $\frac{x}{5} < \frac{7}{3}$ にあてはまる整数のうち、最も大きい数は☐です。

【答】$x < \frac{35}{3} = 11 + \frac{2}{3}$ より、11

問2．x は負の数であるとき、不等式 $-\frac{4}{3} \geqq \frac{3}{x}$ にあてはまる整数のうち、最も小さい整数は☐です。

【答】1．x は負の数であることから、x を両辺にかけると不等号が逆になり、$-\dfrac{4}{3}x \leqq 3$

2．両辺に $-\dfrac{3}{4}$ をかけると、これも負の数ですから、不等号が逆になって $x \geqq -\dfrac{9}{4} = -2.25$

3．これを満たす最小の整数は -2

問3．x は負の数であるとき、不等式 $\dfrac{4}{3} \leqq \dfrac{3}{x}$ にあてはまる整数のうち、最も大きい数は ☐ です。

【答】x を両辺にかけると不等号が逆になりますので、$\dfrac{4}{3}x \geqq 3$

これより $x \geqq \dfrac{9}{4}$ となり、x が負になることはありません。

したがって、「解は存在しない」となります。

【問題59】不等式 $\dfrac{4}{3} < -\dfrac{3}{x}$ にあてはまる整数のうち、最も大きい整数は ☐ です。

【問題60】不等式 $\dfrac{4}{3} < -\dfrac{3}{x}$ にあてはまる整数のうち、最も小さい整数は ☐ です。

答は P184

9.3　数列

「数列」とはあるルールで並んだ無限個の数の列のことです。一般には $a_1, a_2, a_3, \cdots$ あるいは $x_1, x_2, x_3, \cdots$ のように示されます。また、抽象的な文字で表すかわりに、具体的な数字で示すこともあります。

※次の問1では $x_1 = 1, x_2 = 1, x_3 = 2, x_4 = 4 \cdots$ となります。

第9章　頭の体操❷…簡単なようで頭をひねる

問1．数列 1, 1, 2, 4, 8, … は前の項までの和となる規則で並んでいます。すなわち、第2項は第1項までの和、第3項は第2項までの和、第4項は第3項までの和…という規則性を持っています。このとき第7項は□です。

【答】　第3項＝第1項＋第2項＝1＋1＝2
　　　　第4項＝(第1項＋第2項)＋第3項
　　　　　　＝第3項＋第3項
　　　　　　＝第3項×2＝2×2＝4
　　　　同様にして
　　　　第5項＝第4項×2＝4×2＝8
　　　　第6項＝第4項までの和＋第5項
　　　　　　＝第5項＋第5項
　　　　　　＝第5項×2
　　　　　　＝8×2＝16
　　　　したがって、求める第7項＝第6項×2＝16×2＝32

問2．数列 $x_1, x_2, x_3, x_4,$ … が与えられたとき、n 番目の数字は $n-1$ 番目の数字を4倍し2を足したものであるという条件がついています。このとき $x_1=2$ であれば、x_5 は□となります。

【答】　$x_2=2\times4+2=10$
　　　　$x_3=10\times4+2=42$
　　　　$x_4=42\times4+2=170$
　　　　したがって、$x_5=170\times4+2=682$

【問題61】数列 1, 1, 2, 3, 5, … は前の2項の和となる規則で並んでいます。すなわち、第3項は第1項と第2項の和、第4項は第2項と第3項の和、…という規則性を持っています。このとき第9項は□となります。

【問題62】正方形のタイルを図のように順番に並べていくと、5回目まで並べた時点でタイルは手元に2枚残りました。はじめにあったタイルは□枚です。

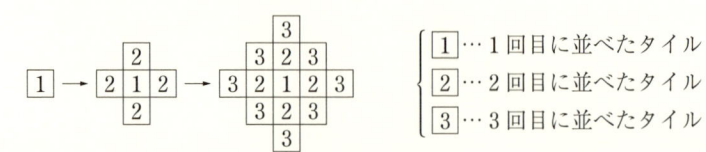

$\boxed{1}$ … 1回目に並べたタイル
$\boxed{2}$ … 2回目に並べたタイル
$\boxed{3}$ … 3回目に並べたタイル

【問題63】図のように、1列目3つ、2列目は4つ、…と並べられた席があり順番に番号がふられています。

（1）N列目には$N+$□個の席があります。

（2）このように並んだ席に40人を座らせるには、最低□列必要です。また40人を1列目から順に詰めて座らせたとき、最後の列は□人が座ることになります。

答は P184

9.4 組合せ

問1．桃太郎、金治郎、金時、佐助、幸村、五右衛門の6人を2人と4人の組に分けたいと思います。このとき、4人組の中に桃太郎が入らない組み合わせは□通りです。

【答】桃太郎は必ず2人組に入らなければなりません。したがって2人組の残る1人を5人の中から選べば、その残りが必然的に4人組となります。

桃太郎以外の5人から1人を選ぶことになりますから、5通り

【問題64】花咲幼稚園では運動会のためにミルクの空き箱で入場門を作りました。風船を飾って華やかにしたいのです。青、橙、赤、水色、紫の5色の風船の中から2色を選んで門柱に結ぼうと考えました。青と紫は同時には選ばないようにするとき、2色の組み合わせは□通りになります。

【問題65】広い畑に大きなカブが植わっていました。おばあさんが作るみそ汁の具にするために、おじいさんがカブを抜こうとしましたが抜けません。おじいさんが台所にいるおばあさんに助けを求め、一緒にカブのある畑に戻りました。おじいさんの背中をおばあさんが引っ張って、カブを抜こうとしましたが抜けず、孫に加勢を頼み、おばあさんの背中を孫が引っ張っても抜けません。こうして、犬と猫に助けを求め、おじいさんの背中をおばあさんが、おばあさんの背中を孫が、その孫の背中を犬が、犬の背中を猫が引っ張っても抜けません。そこで順番を変えて引いてみることにしました。最初に孫が引っ張りその背中を残りの2人と2匹が引っ張ることにしました。このときの引っ張り方は□通りです。

　最初が孫で、最後は猫、猫の前は猫の大好きなおばあさんと決まっているとき、□通りの引っ張り方があります。

答は P185

9.5 虫食い算

虫食い算は数学のパズルとして昔から楽しまれています。問題を作る楽しみもあります。

【問題66】次の計算の空欄部分を正しく埋め、計算を完成させましょう。

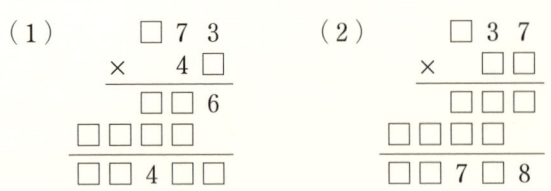

（1）
```
      □ 7 3
  ×     4 □
  ─────────
      □ □ 6
    □ □ □
  ─────────
    □ □ 4 □ □
```

（2）
```
      □ 3 7
  ×     □ □
  ─────────
      □ □ □
    □ □ □ □
  ─────────
    □ □ 7 8
```

【問題67】等式 $2+\dfrac{1}{□}+\dfrac{5}{□}+\dfrac{7}{□}+\dfrac{9}{□}=13$ が成立します。□には全て同じ数字が入るとき、□の数字は ☐ です。

答は P186

第10章　集 合

> 集合は昔の数学には入っていなかった。集合が入ることにより、数学の範囲が広がり、また、内容も深くなった。

10.1　集合とは

集合とは

　集合とはものの集まりのことですが、数学的には「ある特定の性質を備えたものの集まり」つまり「はっきりした基準の与えられている対象の集まり」で、集合を構成する個々の対象を要素、元、元素といいます。このように集合をはっきり定義すると、その集合の要素が有限個となり数えられる場合と、数えられない無限個の場合とがあります。要素の個数が有限である集合を**有限集合**、要素の個数が無限である集合を**無限集合**といいます。

　有限集合の例として $P=\{x \mid x$ は日本の六大都市$\}$ と、性質を明確にして定義する場合と、$Q=\{$東京, 横浜, 名古屋, 京都, 大阪, 神戸$\}$ のように、具体的な要素を全て列挙する場合とがあります。$P=Q$ となります。

有限集合の例としては次のようなものがあります。

　{48の約数}

　{桃太郎, 金太郎, 花咲じいさん}

　{スイートピー, カーネーション, ユリ, バラ}

　{コーヒー, ココア, 紅茶}

　{2007年3月3日現在、神奈川県に住む20歳以上の男性}

無限集合の例としては次のようなものがあります。

　自然数　　　1, 2, 3, …

　正の偶数　　2, 4, 6, …

　正の実数　　○─┼─┼─→
　　　　　　　　　1　2

　{10以上の自然数}

　{3の倍数}

　$\{x \mid -1 \leq x \leq 3\}$

　$\{(x, y) \mid x^2 + y^2 \leq 1\}$

　$\{(x, y) \mid y = \sin x \quad x は実数\}$

集合 Q において東京はその要素のひとつですから、東京$\in Q$：東京は集合 Q に属している（Tokyo belongs to Q）、または $Q \ni$ 東京：集合 Q は東京を含んでいると表します。

　x が集合 A の要素ではないことを

　　$x \notin A$：x は A に属さない　または　$A \not\ni x$：A は x を含まない

と表します。集合 A を考えるとき、いかなる A についても $x \in A$ なのか、あるいは $x \notin A$ なのか（属しているのか、いないのか）を明確にしなければなりません。

　例えば

　　「美人の集まり」

「背の高い人の集まり」

「頭が良い人の集まり」

などは集合ではありません。美人、背の高い人…では、明確に定義ができないからです。

🔲 集合と要素

集合 P の要素の個数を集合 P の大きさといい $n(P)$ で表すことにします。例えば

P={ピアノ, フルート, バイオリン} とすると $n(P)=3$

Q={わかめ, 鱈（たら）, サザエ, カツオ, 鯛（たい）, 蛤（はまぐり）}
  とすると $n(Q)=6$

R={フルート, ピアノ, バイオリン, ピアノ, フルート} とすると、
  同じ要素が何度出てきてもひとつとしか数えないため、$n(R)=3$
  です。これと違って

S={3} とすると $n(S)=1$ であり、$3 \in S$ ですが $n(S) \neq 3$ です。

S={3} のように要素が1つだけしかない集合を**単一集合**、または**単集合**といいます。

10.2　部分集合・ベンの図表・補集合

🔲 部分集合

台所にある果物

P={みかん, りんご, バナナ, イチゴ, パイナップル}

Q={みかん, バナナ}

と仮定しましょう。集合 Q のみかん、バナナはいずれも集合 P に入っていますから、Q の要素は全て集合 P の要素になっています。言いかえれば、Q は P の要素の一部分を要素とする集合です。このとき、集

合 Q は集合 P の部分集合であるといいます。このとき「集合 Q は集合 P に含まれる」ともいい、$Q \subseteq P$ と表しますが、$P \supseteq Q$ とも記します。これを集合の「包含関係」と呼びます。

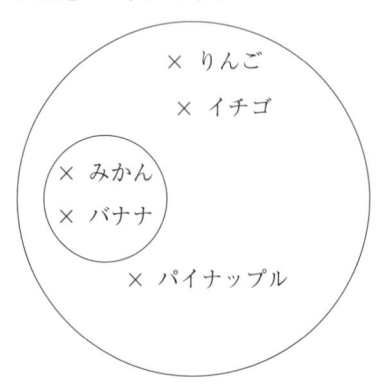

論理記号を使うと

$P \supseteq Q \Leftrightarrow$ 任意の x に対し $x \in Q \rightarrow x \in P$

(任意の x に対し x が Q に属するならば、その x は P にも属する)

となります。

任意の集合 A は、自分自身の部分集合とも考えられますから $A \subseteq A$ であり、また $A \supseteq A$ でもあります(「任意」とは「任意取り調べ」に使われる意味ではなく、英語で表現する場合の any です)。

真部分集合

$R = \{$ジョン, マルタン, マイケル, フランソワーズ, リー$\}$

$S = \{$フランソワーズ, リー$\}$

とするとき、R には、ジョン、マルタン、マイケルという名の S に属さない要素が含まれています。そして、$R \supseteq S$ であり、その上 R と S が等しくはなく、$R \neq S$ となります。

このとき S を R の**真部分集合**と呼び $R \supset S$ で表します。$R \supseteq S$ とは

$R⊃S$ または $R=S$ の2種の場合を意味しています。部分集合とは一部かもしれないし、等しいかもしれないという意味です。これに対し、一部分であることが明確な場合は真部分集合です。例えば

$M_1=\{3\}$, $M_2=\{3, 5, 7\}$ のとき M_1 は M_2 の部分集合ですから $M_2⊇M_1$ であるともいえますが、詳しくいえば真部分集合ですから $M_2⊃M_1$ です。

$M_1=\{3, 5\}$, $M_2=\{5, 3\}$ のとき $M_2⊇M_1$ であるともいえますが、詳しくいえば $M_2=M_1$ です。

※部分集合、真部分集合の記号はいろいろあります。部分集合の記号 $R⊇S$ または $R≧S$、および真部分集合の記号 $R⊃S$ または $R⫌S$ などがありますが、統一して用いればよいのです。本書では部分集合として $R⊇S$、真部分集合として $R⊃S$ を使っています。

空集合

要素を1つも含まない集合のことを**空集合**といい ϕ で表します。次のように、あり得ない表現をしてみるとその意味がわかります。例えば

$M_5=\{$偶数であり、かつ奇数$\}=\phi$

$M_6=\{$昨年生まれた70歳になる男性$\}=\phi$

空集合は全ての集合の部分集合と考えられます。すなわち、どのような集合 A に対しても $\phi⊆A$ または $A⊇\phi$ と記せるのです。集合 A の要素の個数を $n(A)$ で表すことは前に学びましたが、この記号を使うと $n(\phi)=0$ となります。空集合には何の要素も含まれません。

和集合・積集合

集合の和・積集合を考えるとき、土台となる集合を**全体集合**といい、つねにその部分集合を考えます。例えば、さいころの目について集合を考えるとき、さいころの目 $\{1, 2, 3, 4, 5, 6\}$ が考える対象になります。

これが全体集合です。全体集合を U, と書きます。

U の部分集合 P, Q に対して2通りの組み合わせ方 ∩、∩ を考えましょう。

和集合（合併集合）

$P \cup Q = \{x \mid x \in P \text{ または } x \in Q\}$ と記し、

積集合（共通集合）

$P \cap Q = \{x \mid x \in P \text{ かつ } x \in Q\}$ と記します。

$P \cup Q$（和集合）　　　　$P \cap Q$（積集合）

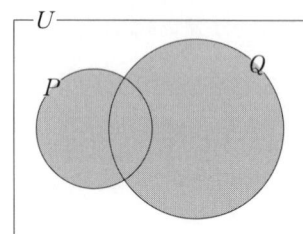

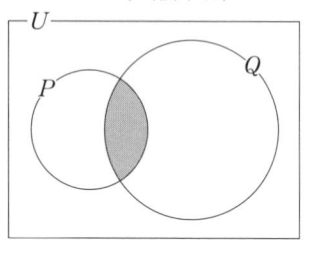

和集合、積集合などを表すとき、このような**ベン図**を使います。P と Q に共通部分がある場合、全くない場合、Q が P の部分集合になっている場合などが考えられます。この場合のベン図は次のようになります。

共通部分がある場合　　共通部分がない場合 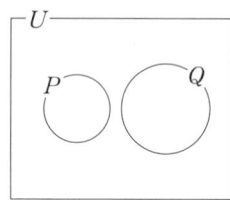　　部分集合になっている場合

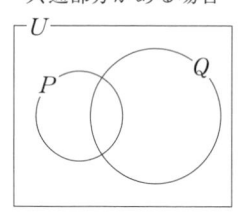

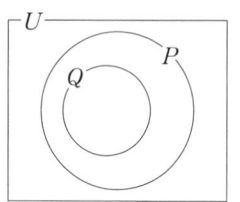

∩ と ϕ を用いると、一般に、

　　P と Q に共通部分があるときを $P \cap Q \neq \phi$、

　　P と Q に共通部分がないときを $P \cap Q = \phi$

と記すことができます。

第10章 集合

🔵 ベン図のまとめ　和集合と積集合はどうなりますか。

場合	$P\cup Q$（和集合）	$P\cap Q$（積集合）
$P\cap Q\neq \phi$ 共通部分がある場合		
$P\cap Q=\phi$ 共通部分がない場合		
$Q\subset P$ QがPの一部である場合		

🔵 補集合

　全体集合 $U=\{$サザエ, カツオ, ワカメ, タラ, フネ, マスオ$\}$、Uの部分集合 $Q=\{$タラ, フネ, マスオ$\}$ とすると、Uの要素であってもQの要素でないものの集合は $\{$サザエ, カツオ, ワカメ$\}$ となります。これをUに関するQの補集合といい $\overline{Q}=\{$サザエ, カツオ, ワカメ$\}$ で表します。これをベンの図式で示すと、以下になります。

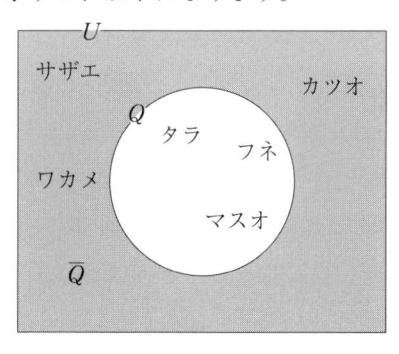

一般に全体集合 U とその1つの部分集合 Q が与えられた場合、U の要素ではあっても Q の要素ではないものの集合を、U に関する Q の補集合と呼び $\overline{Q}$ で表します。

$\overline{P}=\{x\in U \mid x\notin P\}$ と示し、$x\in\overline{P} \Leftrightarrow x\notin P$ となります。

補集合を考えるには、全体集合 U を明確に示すことが大切です。なぜなら $P=\{$サザエ, マスオ$\}$ とするとき、全体集合 $U=\{$サザエ, マスオ, タラ$\}$ ならば $\overline{P}=\{$タラ$\}$ であり、全体集合 $U=\{$サザエ, マスオ, タラ, ワカメ, カツオ$\}$ ならば $\overline{P}=\{$タラ, ワカメ, カツオ$\}$ です。さらに、

　全体集合 U の補集合は空集合 ϕ　すなわち $\overline{U}=\phi$ となり

　空集合 ϕ の補集合は全体集合 U　すなわち $\overline{\phi}=U$ となります。

　補集合の補集合は元の集合となり、$\overline{\overline{\phi}}=\phi$　$\overline{\overline{U}}=U$ です。

また集合に対して −（マイナス記号）は、ある集合から他の集合の要素を除くことを意味します。

問1. ドイツ語が得意な律子さんは統計の勉強もしてみようと思いたち、ちょっとした調査をしました。調査対象の夫婦100組中、男の子がいる夫婦65組、女の子がいる夫婦53組で、男子も女子もいる夫婦は42組でした。2つの図の黒い部分は何を示しますか。

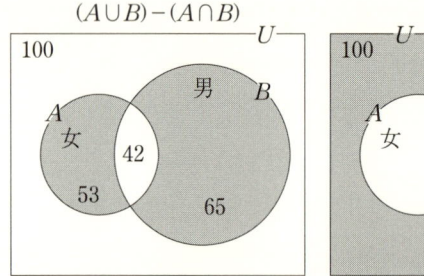

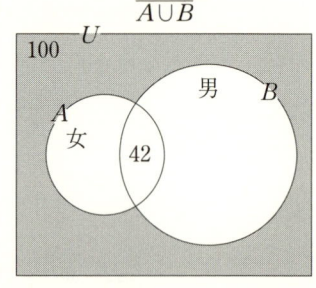

$(A\cup B)-(A\cap B)$　　　　$\overline{A\cup B}$

【答】左図の黒塗り部分は、男と女のいずれか一方のみの子がいる夫婦の集合を表し、$(65-42)+(53-42)=23+11=34$ 組

右図の黒塗り部分は、子供がいない夫婦の集合を表し
$100-(23+42+11)=24$組です。

10.3 章末問題

【問題68】大学生100人の講義内容を調査したところ次の結果を得ました。

・50人は運動生理学を受講している
・37人は経済学を受講している
・33人は英語を受講している
・13人は運動生理学と経済学を受講している
・11人は経済学と英語を受講している
・5人は運動生理学、経済学、英語を受講している
・12人は運動生理学と英語を受講している

このとき、次の問に答えましょう。

（1）運動生理学のみを受講している学生の数は何人ですか。

（2）経済学のみを受講している学生の数は何人ですか。

（3）運動生理学は受講しているが、英語は受講していない学生の数は何人ですか。

（4）色塗り部分は何を示していますか。また、それは何人ですか。

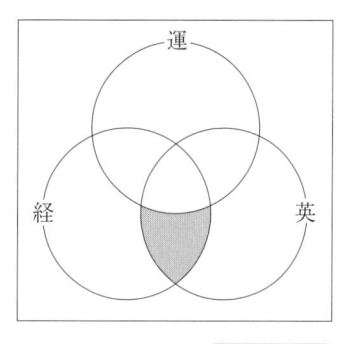

答はP186

チャレンジ！

ナップザック問題

90 kg 載せられる小型のカートがあり、90 kg が運べる限度です。荷物は6個あり、それぞれの重さは

A	B	C	D	E	F
34	5	12	23	17	25 (kg)

です。最大限たくさん運びたいと思いますが、どれとどれを載せればよいでしょうか？ 重量で考えてください。

【答】積み方に関して、A を積むか積まないか（2通り）、B を積むか積まないか（2通り）、…と考えていくと 2^6＝64通りあります。この64通りに対して総重量をそれぞれ総当たり方式で計算すると、90を超えない最大の重量は

A	C	E	F	
34	12	17	25	＝88

です。5 kg の最も軽いものが載せられないのは面白いですね。

このような問題を「ナップザック問題」といいます。カートを「ナップザック」と思えばいいのです。この総当たり方式は時間がかかりますが、必ず解決できます。

第11章 論理と推論

> 筋道を立ててきちんと考えるルールが論理
> と推論である。このやり方に慣れよう。

11.1 命題とその条件

　一般に正しいか正しくないかが定まる文や式を「命題」といいます。命題が正しいとき、その命題は「真」であるといい、正しくないとき「偽」といいます。例えば「2+3=5」であるという文は正しいと判断できるので命題であり、真の命題です。「2×3=−5」は正しくない、つまり間違っていると判断できるので命題であり、偽の命題です。

例1．「人間の命はいつかはつきる」は命題であり、真です。
例2．「3は偶数である」は命題であり、偽です。
例3．「もしもしカメよ　カメさんよ」は命題ではありません。

　次は命題でしょうか、命題なら真偽を確かめましょう。
問1．「2乗したら4になる数は、+2, −2である」　　　【答】真の命題

問2．「サザエさんは料理が上手である」　　【答】命題ではありません

問3．「12と18の最小公倍数は72である」　　【答】偽の命題

問4．「童（わらべ）は見たり　野なかの薔薇（ばら）」

【答】命題ではありません

11.2　条件文の逆、裏、対偶

ある命題「pが起こるならばqが起こる」を「$p \Rightarrow q$」と表します。命題「$p \Rightarrow q$」に対して、

　　命題「$q \Rightarrow p$」を「$p \Rightarrow q$」の逆

　　命題「$\bar{p} \Rightarrow \bar{q}$」を「$p \Rightarrow q$」の裏

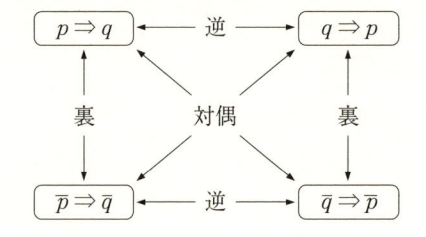

　　命題「$\bar{q} \Rightarrow \bar{p}$」を「$p \Rightarrow q$」の対偶

といいます。

$$
\begin{array}{ccc}
\boxed{p \Rightarrow q} & \xleftrightarrow{\text{逆}} & \boxed{q \Rightarrow p} \\
\updownarrow \text{裏} & \text{対偶} & \updownarrow \text{裏} \\
\boxed{\bar{p} \Rightarrow \bar{q}} & \xleftrightarrow{\text{逆}} & \boxed{\bar{q} \Rightarrow \bar{p}}
\end{array}
$$

例1．「彼女がスコットランドの女王メアリー・ステュアートならば、イングランド女王エリザベス1世の従姉妹である」が真の命題であるとき、

　　この命題の対偶は、「イングランド女王エリザベス1世の従姉妹でないならば、スコットランドの女王メアリー・ステュアートではない」であり、この命題は真です。

例2．真の命題「漫画家の長谷川町子さんである ⇒ "サザエさん" の著者である」について

ⅰ）この命題の逆は、「"サザエさん"の著者である ⇒ 漫画家の長谷川町子さんである」であり、真です。

ⅱ）この命題の裏は、「漫画家の長谷川町子さんでない ⇒ "サザエさん"の著者でない」であり、真です。

ⅲ）この命題の対偶は、「"サザエさん"の著者でない ⇒ 漫画家の長谷川町子さんでない」であり、真です。

例３．偽の命題「鳥ならば、カラスである」について

ⅰ）この命題の逆は、「カラスならば、鳥である」であり、真です。

ⅱ）この命題の裏は、「鳥でないならば、カラスでない」であり、真です。

ⅲ）この命題の対偶は、「カラスでないならば、鳥でない」であり、偽です。

例４．偽の命題「１本足ならば、山田のかかしである」について

ⅰ）この命題の逆は、「山田のかかしならば、１本足である」であり、真です。

ⅱ）この命題の裏は、「１本足でないならば、山田のかかしでない」であり、真です。

ⅲ）この命題の対偶は、「山田のかかしでないならば、１本足でない」であり、偽です。

一般に命題が真であっても、その命題の逆および裏は真とは限りません。しかし対偶は真となります。同様に命題が偽であっても、その命題の逆および裏は偽とは限りません。しかし対偶は偽となります。

つまり対偶だけは真偽が必ず一致します。これがポイントです。

> 否定について

文法で肯定文、否定文というものがありますが、論理で否定を作るには多少の注意が必要です。

- 「A かつ B」の否定は「A でない または B でない」です。記号で示すと「$\overline{A}$ または $\overline{B}$」となります。

  例.「童話"桃太郎"を読む かつ "うさぎとかめ"を読む」の否定は「童話"桃太郎"を読まない または "うさぎとかめ"を読まない」

- 「A または B」の否定は「$\overline{A}$ かつ $\overline{B}$」

  例.「童謡"てるてる坊主"を歌う または "シャボン玉"を歌う」の否定は「童謡"てるてる坊主"を歌わない かつ "シャボン玉"を歌わない」

- 「ある〜である」の否定は「全ての〜でない」

  例.「ある童謡を歌うと脳の活性化になる」の否定は「全ての童謡を歌っても脳の活性化にならない」

- 「全ての〜である」の否定は「ある〜でない」

  例.「全ての人を歌わせることができる」の否定は「ある人を歌わせることができない」

例. 次の命題の真偽を答え、命題の逆・裏・対偶を作り、その命題の真偽もそれぞれ答えましょう。
「日本ならば、首都は東京である」
　　この命題は、真の命題
　　　　逆:「首都が東京ならば、日本である」 真の命題
　　　　裏:「日本でないならば、首都は東京ではない」 真の命題
　　　　対偶:「首都が東京でないならば、日本ではない」 真の命題

問1．次の命題の否定を作りましょう。
　　（1）ピアノを弾き かつ バイオリンを弾く
　　　　　　【答】ピアノを弾かない または バイオリンを弾かない
　　（2）舞台 または 映画に出演している
　　　　　　【答】舞台に出演していない かつ 映画に出演していない
　　（3）ある筋肉は、全く縮まない
　　　　　　　　　　　　　　　　　【答】全ての筋肉は、縮む
　　（4）全ての道は、ローマに通じる
　　　　　　　　　　　　　　　【答】ある道は、ローマに通じない

問2．次の命題の真偽を答え、命題の逆・裏・対偶を作り、それぞれの命題の真偽も答えましょう。
　　（1）パリならば、北半球にある
　　　　【答】真の命題
　　　　　　　逆：「北半球にあるならば、パリである」は、偽の命題
　　　　　　　裏：「パリでないならば、北半球にない」は、偽の命題
　　　　　　　対偶：「北半球にないならば、パリでない」は、真の命題

　　（2）木であり かつ 紅葉しないならば、松である
　　　　【答】偽の命題
　　　　　　　逆：「松ならば、木であり かつ 紅葉しない」は、
　　　　　　　　　真の命題
　　　　　　　裏：「木でない または 紅葉するならば、松でない」は、
　　　　　　　　　真の命題
　　　　　　　対偶：「松でないならば、木ではなく または 紅葉する」は、
　　　　　　　　　偽の命題

(3) プロパンガス または ガソリンならば、この炉で燃える

【答】真の命題

　　逆:「この炉で燃えるならば、プロパンガス または ガソリンである」は、偽の命題

　　裏:「プロパンガスでなく かつ ガソリンでないならば、この炉で燃えない」は、偽の命題

　　対偶:「この炉で燃えないならば、プロパンガスでなく かつ ガソリンでない」は、真の命題

華麗なる女王

　英国のスコットランド女王メアリー・スチュアートは生まれながらの女王として同じ名前の5人の侍女を従え、フランス宮廷で育ちました。波乱万丈の後、イングランドのエリザベス1世によりロンドン塔に数十年も閉じこめられ、一人息子のジェームズの同意により断頭台の露と消えました。ジェームズ6世は後に2つの国の王となり、王国は統一されました。しかし、実はスコットランド女王メアリーはフランスに渡る前に亡くなっており、身代わりが立てられていたという噂があります。最近になって、エディンバラ城の奥の部屋から秘密裏に、しかも丁寧に埋葬された赤子の遺体が見つかったのが、この話の真実みを物語り、イギリス国民の話題をさらいました。

メアリー・スチュアート

エディンバラの街

11.3 論理演算

―― 論理演算の法則 ――
（1）and（集合でいえば積集合を表す）
　　① 0 and 0 ＝ 0　　　　② 0 and 1 ＝ 0
　　③ 1 and 0 ＝ 0　　　　④ 1 and 1 ＝ 1
（2）or（集合でいえば和集合を表す）
　　① 0 or 0 ＝ 0　　　　② 0 or 1 ＝ 1
　　③ 1 or 0 ＝ 1　　　　④ 1 or 1 ＝ 1
（3）not（集合でいえば補集合を表す）
　　① not(0)＝ 1　　　　② not(1)＝ 0

6人の生徒に次の3つの質問をするアンケート調査を考えましょう。
　　1）性別　　2）明日デートする　　3）明日映画に行く
アンケート結果を

	カツオ	マスオ	サザエ	タラ	ワカメ	フネ
1）性別	男	男	女	男	女	女
2）デート	Yes	No	Yes	No	No	Yes
3）映画	No	Yes	Yes	No	Yes	No

と記すとき、この表示をアナログデータと呼びます。ここで、
　　1）性別：男を1、女を0とする
　　2）デート：Yesを1、Noを0とする
　　3）映画：Yesを1、Noを0とする
と約束して、性別、デート、映画のアンケートデータを数値化すると、表は

	カツオ	マスオ	サザエ	タラ	ワカメ	フネ
1）性別	1	1	0	1	0	0
2）デート	1	0	1	0	0	1
3）映画	0	1	1	0	1	0

となり、この表示をデジタルデータと呼びます。

> **サザエさん**
>
> サザエさんを描いた漫画家の長谷川町子さんは、よく福岡の百道浜（ももちはま）を散歩したそうです。海が好きな彼女は、海に関係する名前を磯野家に登場させましたが、他にどのような名が考えられるでしょうか。イルカ君、タコちゃん、ホタテさんなどいかがでしょう。

例1. 上記の表の左から右へそのまま6桁の2進数として考え、

1）性別を2進数で表すと、110100

2）デートを2進数で表すと、101001

というデジタルデータになります。

　コンピュータは人間のように、アナログデータを見て判断することはできません。したがって、「デートで映画に行く」を探すという目的のためにコンピュータが行うのは、0と1の論理演算を利用することです。

「デートで映画に行く」を論理演算で表すと、

　（明日デートする）and（明日映画に行く）

2進数で表すと、

　（101001）and（011010）

となります。1 and 1のときのみ1になることを利用し、論理演

算の法則で各桁ごとに論理演算を行うと、

```
     １０１００１（デート）
and）０１１０１０（映画）
     ００１０００（デートで映画に行く）
```

となります。左から3番目のサザエさんだけが「デートで映画に行く」人であることがわかります。

例2．「デートまたは映画に行く」は、

(明日デートする) or (明日映画に行く)

つまり2進数で表すと、

(101001) or (011010)

となります。0 or 0のときのみ0になることを利用し、論理演算の法則で各桁ごとに論理演算を行うと、

```
    １０１００１（デート）
or）０１１０１０（映画）
    １１１０１１（デートまたは映画に行く）
```

となります。したがって左から4番目のタラさん以外が「デートまたは映画に行く」であることがわかるのです。

問1．論理演算を行い、次の人は誰か求めましょう。

（1）明日デートしない人

【答】101001の否定ですから010110となり、1と表示されるマスオ、タラ、ワカメさん

（2）映画に行かずにデートする人

【答】
```
     １００１０１…映画に行かない
and）１０１００１…デートする
     １００００１
```

したがって 1 と表示されるカツオ、フネさん

（3） 映画に行かないし、デートもしない人

【答】　　　 100101 …映画に行かない
　　　and） 010110 …デートしない
　　　　　　 000100

したがって 1 と表示されるタラさん

11.4　論理、推論に関する問題（論理パズル）

例1． 白雪姫、シンデレラ、一寸法師の 3 人が話している内容は嘘か本当かわかりませんが、少なくとも一人は真実を述べています。

　1）白雪姫「漱石は日本文学会会長です」
　2）シンデレラ「康成は日本文学会会長です」
　3）一寸法師「漱石、康成のどちらか一人は日本文学会会長です」

以上のことから、確実に言えるのは次のどれですか。（複数解答可能）

　ア．一寸法師が正しければ白雪姫も正しい。
　イ．白雪姫が正しければ一寸法師も正しい。
　ウ．シンデレラが正しければ一寸法師も正しい。

【答】

　ア．もし一寸法師が正しければ、漱石か康成のどちらか一方は確実に会長ですが、それは漱石か、康成か定かでありません。したがって、白雪姫の言う「漱石が会長」というのは、本当かどうかわかりません。

　イ．もし白雪姫が正しければ、漱石が会長ですから、一寸法師の主張は正しくなります。

　ウ．もしシンデレラが正しければ、康成が会長ですから、一寸法師の主張は正しくなります。

したがって、イとウが確実に言えます。

例2．太郎、金次郎、大五郎、九郎の4人が同じ会社の面接を受け総合評価が出ました。総合評価は面接50点、小論文50点の合計です。各評価および総合点において同点はいません。

1）総合評価に関して

ア．太郎は2番目に総合評価が良い。

イ．金次郎は大五郎の次に総合評価が良い。

このとき、大五郎の総合評価は4人中□番目です。

【答】九郎＞太郎＞大五郎＞金次郎　より3番目

2）面接に関して

ア．太郎は九郎より評価が良い。

イ．金次郎は3番目の評価である。

このとき、太郎の面接評価は4人中何番目でしょうか。

【答】太郎＞九郎＞金次郎＞大五郎の場合と

太郎＞大五郎＞金次郎＞九郎の場合と

大五郎＞太郎＞金次郎＞九郎の3通りあることから、断定できません。

例3．黒鬼、青鬼、白鬼、赤鬼の4匹を退治するために出発した桃太郎は、おばあさんにもらったきび団子を犬、キツネ、猿、タヌキに分け与え、家来として連れて行きました。1匹の鬼に対し2匹の家来が協力して鬼を退治しましたが、2匹とも同じ鬼を退治した家来はいません。家来は皆2匹ずつの鬼退治をして満足しています。このとき、次の手がかりから家来がどの鬼を退治したかわかりますか。

1）犬と猿が退治した鬼は同じではない。

2）キツネは黒鬼を退治した。

3）白鬼をタヌキが退治したが、犬は退治していない。

4）猿は青鬼を退治した。

質問1．誰がどの鬼を退治したでしょうか。

質問2．家来が活躍している間、桃太郎は何をしていたのでしょうか。

【答】

退治した、しないを○、×で表して、一つずつ埋めていきます。

(A) 条件2）3）4）より

	黒鬼	青鬼	白鬼	赤鬼
犬			×	
キツネ	○			
猿		○		
タヌキ			○	

(B) 条件1）より犬は青鬼を退治していない

	黒鬼	青鬼	白鬼	赤鬼
犬		×	×	
キツネ	○			
猿		○		
タヌキ			○	

(C) 2匹ずつ退治した

	黒鬼	青鬼	白鬼	赤鬼
犬	○	×	×	○
キツネ	○			
猿		○		
タヌキ			○	

(D) 2匹ずつ退治した

	黒鬼	青鬼	白鬼	赤鬼
犬	○	×	×	○
キツネ	○			
猿	×	○		
タヌキ	×		○	

(E) 犬は黒鬼と赤鬼を、キツネは黒鬼を退治したが、2匹とも同じ鬼を退治した家来はいないので、キツネは赤鬼退治をしていない

	黒鬼	青鬼	白鬼	赤鬼
犬	○	×	×	○
キツネ	○			×
猿	×	○		
タヌキ	×		○	

(F) 犬と猿が退治した鬼は異なる

	黒鬼	青鬼	白鬼	赤鬼
犬	○	×	×	○
キツネ	○			×
猿	×	○	○	×
タヌキ	×		○	

(G) それぞれ2匹ずつ退治したことから赤鬼はタヌキが退治した。残りは自然に決まる

	黒鬼	青鬼	白鬼	赤鬼
犬	○	×	×	○
キツネ	○	○	×	×
猿	×	○	○	×
タヌキ	×	×	○	○

答1．犬は黒鬼、赤鬼、キツネは黒鬼、青鬼を退治した。猿は青鬼、白鬼を、タヌキは白鬼、赤鬼を退治した。

答2．条件がないため、いろいろと想像できます。例として

ア．家来が鬼退治する様子を見て、物語を書こうとメモを取っていた。

イ．童話「桃太郎」を読んでいた。

ウ．日頃から英会話に興味があり、団子を英語でなんと表現するのだろうと考えていた。

エ．英語版の「桃太郎」を歌っていた。

♪♪Momotarosan Momotarosan. May I have your rice-cake-ball from your bag. I will go with you to Onigashima♪♪

問1．桃太郎一行が鬼ヶ島で紫鬼を退治しました。犬、猿、雉の3匹の全てが自分が退治したと言いはっていますが、真実を述べたのは1匹だけです。このとき、

犬の「猿は嘘つきだ」という発言から確実にわかることは何ですか。

【答】もし、犬の発言が「真実」なら、真実を述べているのは犬であり、犬が紫鬼を退治しました。もし犬の発言が「偽」

なら、真実を述べているのは猿であり、猿が紫鬼を退治しました。したがって、いずれにしても雉は嘘つきということになり、確実に言えることは、「雉は紫鬼退治をしていない」です。

11.5 章末問題

【問題69】（1）次の命題「全ての薬に副作用がある」の否定を作りましょう。

（2）次の命題「人間ならば、日本人 または アメリカ人である」の逆、裏、対偶を作り真偽を判定しましょう。

【問題70】 ウサギ、タヌキ、カメの3匹が100 m競争をし、その結果を青木さん、山田さんの2人が次のように予想をしました。

　青木さん：「1位はカメ、2位がタヌキになると思う」

　山田さん：「2位はカメになるに違いない」

ところが、この2人の予想は全て外れてしまいました。このとき、実際の3匹の順位はどうであったかを、明らかにしましょう。

	ウサギ	タヌキ	カメ
1位			
2位			
3位			

【問題71】 頻発する地震対策として、地震保険が売れています。ヘンゼルとグレーテルが地震保険について話をしていますが、次の発言をした二人のうち一人だけが真実を述べ、一人だけが地震保険に入っています。

　ヘンゼル：「嘘をついている人だけが保険に入っています」

グレーテル：「嘘をついている人だけが保険に入っていません」

この二人のうちどちらが地震保険に入っているか判断しましょう。

答はP187

第12章　確　率

> 確率は日常生活、社会、自然の至る所に見いだされる数学的考え方である。これを深めると人生が理解できるし、応用力も高まる。

12.1　確率とは

　偶然をともなう実験や観測を"試行"といい、試行の結果を"事象"といいます。さいころを投げることは試行、「4つの目が出る」は事象の一例です。確率とはある事象が偶然起こるとき、起こりやすさの程度を測る"ものさし"のことです。ある事象が起こりやすいほど確率は大きく、起こりにくいほど確率が小さいと表現します。確率（probability）を p で表すと、$0 \leq p \leq 1$ となります。これをパーセント表示すると以下の図のようになります。

```
  0% ─┬─ あり得ない（impossible）
      │  ありそうもない（unlikely）
 50% ─┤  起こるか起こらないかわからない（──）
      │  ありそうな（likely）
100% ─┴─ 確実に起こる（certain）
```

例えば、

impossible さいころを投げたとき7の目が出る、ことはあり得ません。

events コインを投げたとき、表が出るか、裏が出るかは全くの偶然です。表が出る方にかけたとしても、表と裏の出方はフィフティーフィフティーです。

certain 「2+3=5」となります。これは未来永劫の真理です。また、「3歳の子どもは元気に成長すれば5年後に8歳になる」のも、当然の道理で、時間は人間に平等に訪れます。「花の色は移りにけりな　いたずらに」であり、「祇園精舎の鐘の声　諸行無常の響あり」です。時間を惜しんで脳の活性化を図りましょう。

12.2　相対頻度

試行の回数に対するある事象が起こる回数の割合を"相対頻度"といい、相対頻度 $= \dfrac{\text{事象が起こる回数}}{\text{試行の回数}}$ と表します。

例えば、袋の中に色の付いた玉が入っているとき、袋の中を見ないで1つの玉を取り出し、赤玉であるかどうか確かめてからその玉を袋に戻します。よくかき混ぜた後、再度玉を取り出し、赤玉であるかどうか確かめてからその玉を再び袋に戻します。このような試行を20回繰り返したとき、8回が赤玉であったとします。このとき、玉全体に対する赤玉の相対頻度は $\dfrac{8}{20} = \dfrac{2}{5}$ であるといいます。

12.3　事象の確率

ある事象が起こる割合を、確率を用いて表すことが多くあります。

事象の確率＝$\dfrac{\text{ある事象が起こる場合の数}}{\text{試行の全ての場合の数}}$

例えばコインを投げたとき、表が出る確率と裏が出る確率は等しくなりますから、表が出る確率は $\dfrac{1}{2}$ です。このことを

$$P(\text{表}) = \dfrac{1}{2} = 50\% = 0.5$$

と表します。当然のことながら、コインは歪みのないものと仮定します。裏が出る確率も同様に $\dfrac{1}{2}$ です。表と裏が出る確率をあわせると、当然の結果として1になります。

12.4　2つの事象の組合せ

歪みのない正しいコインを投げるとき、1回目に表が出たとしても、あるいは1回目に裏が出たとしても、続けて2回目に投げるとき、表と裏の出る割合は1回目にどちらが出たかに影響されません。このように、ある事象の起こる確率が他の事象に影響されないとき、つまり、前にどのようなことが起こったかに左右されないとき、その事象を**独立事象**といいます。独立とはもともと「左右されない」ということです。

表を H、裏を T で示すことにすると、その組み合わせは HH, HT, TH, TT の4通りになります。

HH となる確率は $\dfrac{1}{4}$

HT または TH となる確率は $\dfrac{1}{4} + \dfrac{1}{4} = \dfrac{1}{2}$

TT となる確率は $\dfrac{1}{4}$ です。

考えられる全ての事象をあわせたものが全体の確率1となります。つまり、$\dfrac{1}{4} + \dfrac{1}{2} + \dfrac{1}{4} = 1$ となります。

12.5　樹形図

歪みのないコインを投げる試行回数が1回、2回、3回の場合の表H、裏Tの組み合わせを見やすくした図が次の樹形図です。

コインを1回投げる試行

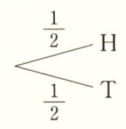

$$\begin{array}{c} \frac{1}{2} \nearrow H \\ \frac{1}{2} \searrow T \end{array}$$

コインを2回投げる試行

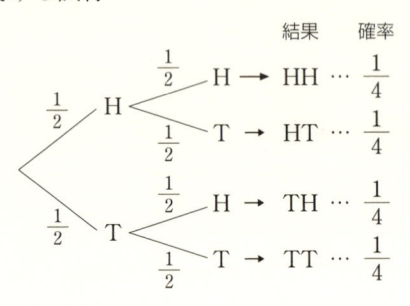

		結果	確率
$\frac{1}{2}$ H	$\frac{1}{2}$ H →	HH …	$\frac{1}{4}$
	$\frac{1}{2}$ T →	HT …	$\frac{1}{4}$
$\frac{1}{2}$ T	$\frac{1}{2}$ H →	TH …	$\frac{1}{4}$
	$\frac{1}{2}$ T →	TT …	$\frac{1}{4}$

コインを3回投げる試行

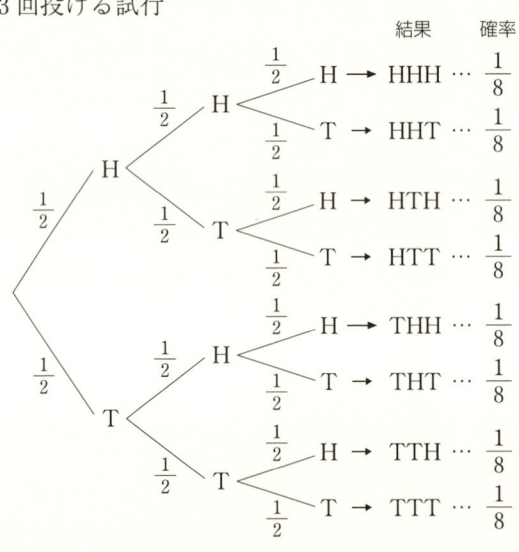

			結果	確率
$\frac{1}{2}$ H	$\frac{1}{2}$ H	$\frac{1}{2}$ H →	HHH …	$\frac{1}{8}$
		$\frac{1}{2}$ T →	HHT …	$\frac{1}{8}$
	$\frac{1}{2}$ T	$\frac{1}{2}$ H →	HTH …	$\frac{1}{8}$
		$\frac{1}{2}$ T →	HTT …	$\frac{1}{8}$
$\frac{1}{2}$ T	$\frac{1}{2}$ H	$\frac{1}{2}$ H →	THH …	$\frac{1}{8}$
		$\frac{1}{2}$ T →	THT …	$\frac{1}{8}$
	$\frac{1}{2}$ T	$\frac{1}{2}$ H →	TTH …	$\frac{1}{8}$
		$\frac{1}{2}$ T →	TTT …	$\frac{1}{8}$

先の3例はコインを投げた場合でしたが、袋に赤玉（R）が2個、青玉（B）が3個入っている場合を例にとってみましょう。よくかき混ぜた袋から目隠しをして1個取り出し、玉の色を確かめたあと袋に戻します。この試行を2回繰り返すと樹形図は次のようになります。

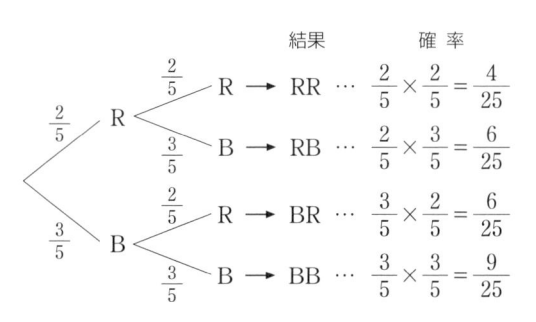

```
                         結果           確率
        2/5
     ┌─ R  ─→ RR  …  2/5 × 2/5 = 4/25
  2/5│
   R │ 3/5
     └─ B  ─→ RB  …  2/5 × 3/5 = 6/25
     
     ┌─ R  ─→ BR  …  3/5 × 2/5 = 6/25
  3/5│ 2/5
   B │ 3/5
     └─ B  ─→ BB  …  3/5 × 3/5 = 9/25
```

あわせて $\frac{4}{25} + \frac{6}{25} + \frac{6}{25} + \frac{9}{25} = 1$ になります。

12.6 予測度数

　正しいコインを投げたとき、表が出る確率、裏が出る確率はともに $\frac{1}{2}$ です。コイン投げを100回行ったとき、表が何回出るかを予想すると、$100 \times \frac{1}{2} = 50$ より、50回となります。正しいさいころを投げたとき、"5の目"が出る確率は $\frac{1}{6}$ であり、"奇数の目"が出る確率は $\frac{3}{6} = \frac{1}{2}$ です。さいころを360回投げたとき、"5の目"および"奇数の目"が何回出るかを予想すると、$360 \times \frac{1}{6} = 60$ 回、$360 \times \frac{1}{2} = 180$ 回であることから、"5の目"は60回、"奇数の目"は180回出ることが予想されます。

　このように予測度数は、確率 p × 試行回数で表せます。ただし、あくまで予想であって、現実は異なる場合がほとんどでしょう。予測度数を中心とした"ブレ"が生じます。

問1．8本のくじの中に当たりくじが3本入っています。このくじを1本引くとき、くじが当たる確率を求めましょう。またくじを2本引くとき、2本とも当たりくじである確率を求めましょう。

【答】1本引くときの確率は $\frac{3}{8}$

最初に当たりくじを引くと、残り7本のうち当たりくじは2本ですから、2本とも当たる確率は

$$\frac{3}{8} \times \frac{2}{7} = \frac{3}{28}$$

問2．袋の中に赤いビー玉2個と白いビー玉が3個入っています。この袋から2個のビー玉を同時に取り出すとき、2個とも白いビー玉である確率を求めましょう。2個とも白いビー玉であれば100万円の賞金がもらえ、違っていれば100万円払うルールになっているとき、あなたならこの賭けをしますか。

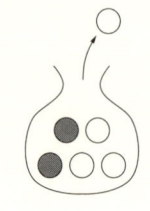

【答】同時に2個取り出すのは、1個取り出したあと元に戻さず、短い時間をおいて、もう1個取り出すのと同じことですから、

$$\frac{3}{5} \times \frac{2}{4} = \frac{3}{10}$$

2個とも白いビー玉の出る確率は50％より小さいため、この賭けを行うのは不利です。

12.7　章末問題

【問題72】碧（あお）ちゃんと緑（みどり）ちゃんを入れて全部で5人の女の子がいます。5人が一列に並ぶとき碧ちゃんと緑ちゃんが隣になる確率を求めましょう。

【問題73】アルファベットを並べて英単語を作り点数を競うゲームがありますが、a, b, d, e, f の5文字を1列に並べるとき、両端が

母音となる確率を求めましょう。

【問題74】 アルファベットが書かれた積み木があります。a, b, c, d, e, f の6文字を1列に並べるとき、a が f よりも右側にある確率を求めましょう。

【問題75】 ある幼児が2つのさいころを同時に投げるとき、出る目の和が偶数となる確率を求めましょう。また、大人が投げたとき、出る目の和が奇数となる確率を求めましょう。

【問題76】 2個のさいころを同時に投げるとき、出る目の積が偶数となる確率を求めましょう。

【問題77】 心君と泰平君がテニスの試合をするとき、心君が泰平君に勝つ確率は $\frac{3}{5}$ であるとします。2人が4回対戦して心君が少なくとも1回勝つ確率を求めましょう。

答は P188

第13章 頭の体操❸
…理論で突破

13.1 論理パズル

問1．夏子、秋子、冬子、雪子、春子の5人に4つの外国語について尋ねたところ、次のようでした。

・夏子はフランス語ができ、秋子は中国語ができない。
・冬子はポルトガル語ができ、雪子だけが韓国語ができる。

　このとき、

条件
　　「フランス語ができないのは春子だけである」
　　「夏子はポルトガル語ができ、全員が2つの語学ができる」
が付く場合、下記のア、イ、ウのうちどれが正しいでしょうか。複数解答可能です。

　ア．雪子は中国語ができる。
　イ．春子は中国語ができない。
　ウ．秋子はポルトガル語ができる。

【答】

	夏子	秋子	冬子	雪子	春子
フランス語	○				
中国語		×			
ポルトガル語			○		
韓国語	×	×	×	○	×

この最初の条件の下に、次の条件が加わると下表ができます。

	夏子	秋子	冬子	雪子	春子
フランス語	○	○	○	○	×
中国語		×			
ポルトガル語	○		○		
韓国語	×	×	×	○	×

これらの表から自動的に下記の表ができあがります。

	夏子	秋子	冬子	雪子	春子
フランス語	○	○	○	○	×
中国語	×	×	×	×	○
ポルトガル語	○	○	○	×	×
韓国語	×	×	×	○	×

表より、雪子は中国語ができないので、アは偽

春子は中国語ができるので、イは偽

ウだけが正解。

問2. ジャン、マイケル、リチャードという友人3人がいます。国籍はそれぞれ異なり、英国、フランス、ドイツ（順不同）です。以下の手がかりから国籍をはっきりさせましょう。

　ア．リチャードはドイツ人ではない。

　イ．フランス人はジャンではない。

　ウ．ドイツ人はジャンではない。

　　【答】手がかりから

	英国	フランス	ドイツ
ジャン		×	×
マイケル			
リチャード			×

表より、ジャンは英国、マイケルはドイツと決まるので、残るリチャードはフランスと定まります。

【問題78】野球の部活で合宿中の一郎、大輔、拓也の3人は、シャワーを使う順番を決めるためにさいころを1回ずつ振りました。以下の手がかりから、3人が出したさいころの目が何であったかはっきりさせましょう。

　　ア．一郎の目は大輔の2倍であった。

　　イ．3人の目の和は6であった。

【問題79】一郎、大輔、拓也の3人が同時にさいころを1回振り、出た目の数が一番少ない人が買い物に行くことにしました。以下の手がかりから、3人が出したさいころの目が何であったかはっきりさせましょう。

　　ア．一郎の目は大輔の2倍であった。

　　イ．3人の目の和は13であった。

【問題80】料理当番を決めるため、一郎、大輔、拓也の3人がさいころを1回ずつ振りました。以下の手がかりから、3人が出したさいころの目が何であったかはっきりさせましょう。

　　ア．一郎の目は大輔の2倍であった。

　　イ．拓也は、大輔より大きく、一郎より小さい偶数の目であった。

答は P189

13.2 確率・比率

確率

問1. 袋の中に赤いビー玉4個、青いビー玉4個が入っています。この袋の中から、2個取り出したとき、赤と青が1個ずつになる確率は ☐ です。赤と赤になる確率は ☐、青と青になる確率は ☐ です。

【答】解法1．組み合わせ（combination）を知っている方はこちらで解けます。

$$\frac{{}_4C_1 \times {}_4C_1}{{}_8C_2} = \frac{4 \times 4}{\frac{8 \times 7}{2 \times 1}} = \frac{4}{7}$$

解法2．最初に赤を取り出した場合：

玉は全部で8個、そのうち4個が赤であることから $\frac{4}{8}$

残りは7個でそのうち青は4個ですから $\frac{4}{7}$

したがって、$\frac{4}{8} \times \frac{4}{7} = \frac{2}{7}$

逆に、最初に青を取り出したあと赤を取り出した場合も同様に $\frac{2}{7}$

したがって $\frac{2}{7} \times 2 = \frac{4}{7}$ が求める答

問2. 友人宅でのパーティーの景品の箱には、当たりが5個、はずれが5個入っています。当たった人は童謡を歌うことになっています。最初にくじを引いた一行君が歌うことになる確率は ☐、最後に引いた啓二君が歌うことになる確率は ☐ です。

【答】一行君が歌うことになる確率は、$\frac{5}{10} = \frac{1}{2}$

啓二君が歌うことになる確率は、

一行君が歌うときと歌わないときに分けて考えて、

（一行君が歌い、啓二君も歌う確率）＋（一行君が歌わず、啓二君が歌う確率）

したがって、啓二君が歌うことになる確率は $\frac{1}{2} \times \frac{4}{9} + \left(1 - \frac{1}{2}\right) \times \frac{5}{9} = \frac{1}{2}$

以上からわかるように、くじは**最初に引いても最後に引いても当たる確率は同じ**です。

【問題81】めったに手に入らないあるライブのチケットが1枚あります。桃子、梅子、桜子の3人がジャンケンをして勝った人がライブに行くこととしました。このとき、1回目で3人の中から勝者がひとりに決まる確率は□です。

【問題82】ある博物館の入り口はひとつです。チケット売り場から5m進むと二手に分かれ、一方がA、もう一方がBとなっています。Aを進むと二手に分かれ A_1, A_2 となります。同様にBを進むと B_1, B_2 に分かれます。A_1, A_2, B_1, B_2 はさらに二手に分かれ A_{11}, A_{12}, A_{21}, A_{22}, B_{11}, B_{12}, B_{21}, B_{22} となり、そのまま出口へと続きます。入り口で1000人を通した後、どの分岐点でも同じ割合で分かれていくとすると、出口 B_{21} に出てくる人は□人となります。

答は P189

比率

問1. 141個の50円硬貨をあさ子、みき子、とも子の3人で分けることにしました。あさ子：みき子＝4：5, みき子：とも子＝3：4の比率です。このとき、

みき子は□円もらえます。

とも子はみき子のもらったお金の□倍を受け取ることになります。

【答】あさ子：みき子＝4：5

みき子：とも子＝3：4

より、上段を3倍、下段を5倍すると、

あさ子：みき子＝12：15

みき子：とも子＝15：20

したがって、あさ子：みき子：とも子＝12：15：20となりますので

みき子＝$50 \times 141 \times \dfrac{15}{12+15+20}$＝2250円

みき子：とも子＝3：4より、とも子＝みき子×$\dfrac{4}{3}$ですから、

とも子はみき子の$\dfrac{4}{3}$倍のお金を受け取ることになります。

【問題83】香子さんは毎日の水やりをしなくてよい何か手入れの簡単な植木はないものかと考え、香さんから小さな花がたくさん咲くと教えられたサボテンを購入しました。1カ月は水やりをしなくても大丈夫だそうです。鉢植えのサボテンに花が咲いたので数えてみると、80本の葉茎がありました。この60％には先端から3つの花が咲き、残りの25％には花が2つ、他は咲いていません。花は全部で□個咲いています。

　花を楽しんだ香子さんでしたが水やりのことをすっかり忘れ、結局サボテンは枯れてしまいました。植物は生き物ですね。

【問題84】ある地域交流講座「デジカメで年賀状」の受講生の男女比は5：3でした。自宅から会場まで30分以内で来られる人は受講生64人中48人でしたが、その男女比も同じでした。30分以内で来られる女性は□人いる予測となります。

答はP190

13.3 集合を考える

問1. セミナーを受講する90人のうち、巨峰が好きなのは54人、マスカットが好きなのは28人、両方が嫌いなのは12人です。このとき、巨峰だけが好きなのは□人であり、両方が好きなのは□人となります。

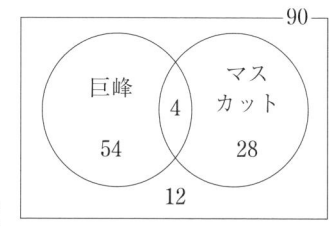

【答】

※この図をみると54＋28＋12の合計が全体の90を超えてしまいます。それは巨峰とマスカットの重なり部分があるからです。

巨峰とマスカットの両方が好きな受講生の人数は、54＋28＋12－90＝4人。したがって、巨峰だけが好きな受講生の人数は、54－4＝50人

問2. 町内会メンバー100人のうち、マスクメロンが好きな者は58人、オレンジが好きな者は30人、両方が好きな者は17人です。マスクメロンだけが好きな者は何人ですか。また、両方が嫌いな者は何人ですか。

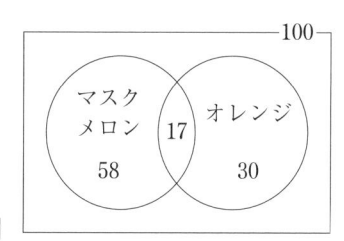

【答】
マスクメロンだけが好きな者の人数は、58－17＝41人
両方が嫌いな者は100－(58＋30－17)＝29人

問3．ある女子大の学生の $\frac{3}{5}$ は、フランス語も中国語も受講していません。しかし、$\frac{1}{3}$ はフランス語を受講し、$\frac{1}{4}$ は中国語を受講しています。フランス語と中国語の両方を受講している学生の割合はどれだけでしょうか。分数で示してください。

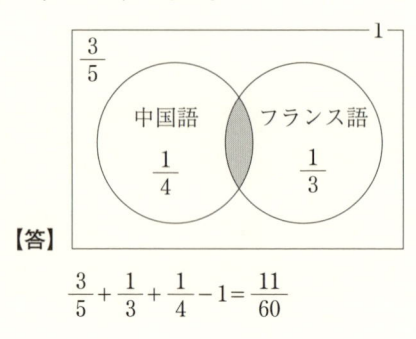

【答】

$$\frac{3}{5}+\frac{1}{3}+\frac{1}{4}-1=\frac{11}{60}$$

【問題85】学生100人に通学時の乗り物調査を行った結果が次の表です。電車もバスも使う学生は32人であるとき、電車もバスも使わない学生は□人です。電車だけを使い自転車を使わない学生が48人であるとき、自転車は利用するものの電車を利用しない学生は□人です。

　バスと自転車の両方を利用しない学生が25人いました。どちらか一方を利用する学生は□人です。

	はい	いいえ
電車利用	77	33
バス利用	45	55
自転車利用	33	67

【問題86】忘年会に集まった50人の学生のうち、ビールを注文した学生は28人、刺し身を注文した学生は34人いました。どちらも注文しなかった学生は12人いました。ビールと刺し身の両方を

注文した学生は□人となります。

【問題87】ある大学の外国人140人を対象として、言葉、食事、交通の3つに関して困ったことがあったかどうかの調査を行ったところ、次のようでした。

　　ア．言葉だけに困った　　　　28人
　　イ．食事だけに困った　　　　45人
　　ウ．交通だけに困った　　　　38人
　　エ．どれにも困らなかった　　10人
　　オ．言葉と食事だけに困った　6人
　　カ．食事と交通だけに困った　6人
　　キ．言葉と交通だけに困った　4人

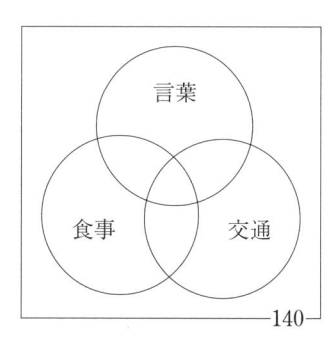

このとき、次の問に答えましょう。

（1）言葉、食事、交通の全てに困った人は何人ですか。
（2）食事に困った人は何人ですか。
（3）3つのうち、少なくともひとつに困った人は何人ですか。
（4）3つのうち2つ以上に困った人は何人ですか。

答はP190

4色問題

　平面上のどんな地図も4色で塗り分けられます。もちろん隣り合った国は同色にしてはいけません。一点で接している場合は同色でOKです。このことの証明はたいへん難しいとされています。

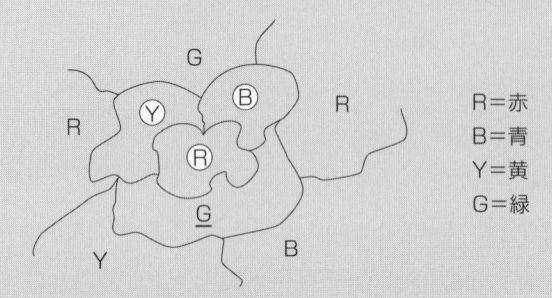

```
         G
      Ⓨ Ⓑ
   R       R        R=赤
      Ⓡ            B=青
      G             Y=黄
   Y     B          G=緑
```

　この地図で、◯の国は異なった3色が必要ですね。＿の国は4色目が必要です。つまり4色必要な地図はあるわけですが、5色を使わないと塗り分けられない地図は存在しないというわけです。つまり4色で十分なのです。もちろん、カラフルにするために5色使うのは自由です。

第14章 頭の体操❹
…表の読み取り

中学・高校で学ぶはずの統計分野は、大学入学試験に出題されない傾向が強いことから学ぶチャンスが少ない。しかし現実社会では統計表や、さまざまな表を読み取ることは多い。表が何を示しているか、表から何がわかるか理解しよう。

14.1 表の読み取り

問1. 講義の最後に授業に対する教員評価が行われました。各専攻の評価表を見て次の質問に答えましょう。

	履修者数		回答者数	
	運動学	舞踊学	運動学	舞踊学
2001年	186	64	122	54
2002年	184	66	132	56
2003年	164	61	114	60
2004年	188	74	138	62
2005年	180	70	132	68

1）初年度における履修者に対する回答者全員の割合は☐％です（四捨五入により、☐の中は整数で示しましょう）。

【答】 $\dfrac{122+54}{186+64} \times 100 = 70.4\%$　したがって、四捨五入により70%

2）運動学科において回答率が最も低いのは□年です。

【答】 2001年　$\dfrac{122}{186} = 0.656$

2002年　$\dfrac{132}{184} = 0.717$

2003年　$\dfrac{114}{164} = 0.695$

2004年　$\dfrac{138}{188} = 0.734$

2005年　$\dfrac{132}{180} = 0.733$

以上より、回答率が最も低いのは2001年

問2. ある大学で語学の履修率が下記の表のようになっています。□を埋めましょう。

	数学科□人	物理科60人	化学科50人	計
ドイツ語	40%	□%	30%	61人
スペイン語	30%	20%	□%	29人
ロシア語	15%	20%	□%	28人
フランス語	15%	10%	40%	□人
計	100%	100%	100%	150人

【答】数学科の人数は、150 − (60 + 50) = 40人

物理科でドイツ語を履修している学生の割合は、100 − (20 + 20 + 10) = 50%

フランス語を履修している学生の人数は、150 − (61 + 29 + 28) = 32人

化学科でスペイン語を履修している学生の割合は、

$\dfrac{29 - \left(40 \times \dfrac{30}{100} + 60 \times \dfrac{20}{100}\right)}{50} = \dfrac{5}{50} = 0.1$　　10%

化学科でロシア語を履修している学生の割合は、100 − (30 + 10 + 40) = 20%

第14章　頭の体操❹…表の読み取り

【問題88】次は芸術コンテストを受験した50人の創作力と表現力を各5点満点で評価した結果です。

表現力	創作力					
	0点	1点	2点	3点	4点	5点
0点	2人	1人				
1点	1人	4人		3人		
2点			4人	6人		2人
3点			2人	8人	4人	
4点			1人		4人	3人
5点					3人	2人

このとき、

（1）創作力、表現力とも3点以上の人は何人ですか。

（2）表現力の平均点は何点ですか。

【問題89】ある学科の2年生の身長 x cm に関する調査が次の表です。2006年の調査対象者は2000年より20%増加しています。この表の空白を埋めましょう。

	2000年		2006年	
	人数	割合（％）	人数	割合（％）
$175 \leq x < 180$	6	6.0	6	5.0
$170 \leq x < 175$	12	12.0	18	□
$165 \leq x < 170$	34	34.0	42	35.0
$160 \leq x < 165$	20	20.0	□	20.0
$155 \leq x < 160$	15	15.0	18	□
$150 \leq x < 155$	10	10.0	□	□
150未満	3	3.0	3	2.5
合計	100	100.0	□	100.0

答は P190

補　章

15.1　その他の進法

10進法から P 進法への応用

日常、無意識に使っているのは10進法です。例えば573は、1の位の係数が 3 、10の位の係数が 7 、100の位の係数が 5 、すなわち $5\times 10^2+7\times 10^1+3\times 10^0$ のことです。$(573)_{10}$ を省略して573と表しているのです。

P 進法

10進法により表された数字を 7 進法あるいは 5 進法に変換するには、2 進法への変換と同様、7 や 5 で割っていけばよいのです。

例えば $(379)_{10}$ を 7 進数で示すには、

```
7 )379
7 ) 54  …… 1    （379を 7 で割って54となり、余りが 1 ）
7 )  7  …… 5    （54を 7 で割って 7 となり、余りが 5 ）
     1  …… 0    （ 7 を 7 で割って 1 となり、余りが 0 ）
```

したがって $(379)_{10}=(1051)_7$ と表すことができます。8 進法に直すには、直したい数を 8 で割りながらその余りを求め、5 進法に直すには 5

で割りながらその余りを求めていきます。

逆に7進法の数を10進法に直すには

$(1051)_7 = \underline{1} \times 7^3 + \underline{0} \times 7^2 + \underline{5} \times 7^1 + \underline{1} \times 7^0$

$= (379)_{10}$ とします。

$(270)_7$ は存在しません。7進法の基本の数は0から6までで「7」は存在しないからです。

12進法表示では、「0, 1, …, 9, A, B」の12個の数を基本の数（底）とし、A＝$(10)_{10}$, B＝$(11)_{10}$ を意味します。同様に16進法表示では「0, 1, …, 9, A, B, C, D, E, F」の16個の数が底であり、A＝$(10)_{10}$, B＝$(11)_{10}$, C＝$(12)_{10}$, D＝$(13)_{10}$, E＝$(14)_{10}$, F＝$(15)_{10}$ を意味します。

いろいろな進法を比較したものが右の表です。

15.2 無限集合を考える

数学者カントル（1845〜1918）により、無限集合にも種々のものがあることが示されました。自然数全体（N）を可算集合といいます。Nは1, 2, 3, 4, …と数え切ることができないものの、数えること自体はできます（可算：カウントできる）。正の整数、奇数、偶数は可算集合です。さらに負の数も含めた整数（… −2, −1, 0, 1, 2, …）、奇数（… −3, −1, 1, 3, …）、偶数（… −4, −2, 0, 2, 4, …）なども可算集合です。無限集合の要素に何らかの方法で番号を付けられれば（カウントできれば）、可算集合と呼びます。実際に偶数は次のように数えられます。

番目	1	2	3	4	5	6	7	8	9	…
偶数	0	2	−2	4	−4	6	−6	8	−8	…

一方、集合の要素にどんな方法をとっても番号が付けられないとき、非可算集合といいます。例えば

　　　{−1以上1以下の実数}

補 章

表　いろいろな進法と10進法

	10進法	2進法	4進法	5進法	8進法	12進法	16進法
位の数	10個	2個	4個	5個	8個	12個	16個
数	0	0	0	0	0	0	0
	1	1	1	1	1	1	1
	2	10	2	2	2	2	2
	3	11	3	3	3	3	3
	4	100	10	4	4	4	4
	5	101	11	10	5	5	5
	6	110	12	11	6	6	6
	7	111	13	12	7	7	7
	8	1000	20	13	10	8	8
	9	1001	21	14	11	9	9
	10	1010	22	20	12	A	A
	11	1011	23	21	13	B	B
	12	1100	30	22	14	10	C
	13	1101	31	23	15	11	D
	14	1110	32	24	16	12	E
	15	1111	33	30	17	13	F
	16	10000	100	31	20	14	10
	17	10001	101	32	21	15	11
	18	10010	102	33	22	16	12
	19	10011	103	34	23	17	13
	20	10100	110	40	24	18	14

※　　は各進法の基本の数となる底を表している。

　{3より大きい実数}

などは、非可算集合です。どこから数え始めるかも決められませんし、2番目も決まりません。

　理解しづらいのが無限集合の世界です。

例1. 偶数に番号をつけるとき、103番目になるのはどんな数でしょうか。

【答】−102

（102番目は102）

例2. ある星に大きなホテルがあり、そのホテルには1号室、2号室、…と無限個の部屋がありましたが満室でした。他にホテルはありません。そこへ地球からの旅行者が1人到着し、泊めてもらえるよう支配人と交渉しました。この交渉はうまくいきますか。どのようにすれば泊まれるでしょうか。支配人、あるいは泊まり客の技量が問われるケースです。

【答】
　1号室の宿泊者は2号室に、2号室の宿泊者は3号室に、……、n号室の宿泊者は$n+1$号室に、と順次番号が一つ大きい部屋に移ってもらえば、1号室が空くこととなり、新しい旅行者1人が泊まることができます。

例3. 上における満室のホテルに100人の客が到着しました。皆、相部屋を嫌います。どのようにすれば全員泊まることができるでしょうか。

【答】
　1号室の宿泊者は101号室に、2号室の宿泊者は102号室に、……、n号室の宿泊者は$n+100$号室に、と順次移ってもらえば、1～100号室が空くので新しい旅行者100人が泊まることができます。

【問題90】あるホテルには、偶数番号の部屋にダブルベッド、奇数番号の部屋にシングルベッドが準備されています。満室のホテル

補 章

に1組の新婚さんが到着しました。ダブルベッドを希望しています。どうすれば泊まることができますか。

また、もし100組の新婚さんが到着しダブルベッドを希望するとき、どのように対処すればよいでしょうか。

【問題91】あるホテルでは、例2と同様に、1号室、2号室、…と無限個の部屋があり、全てシングルベッドだとします。満室でしたが、奇数番号の部屋の客が全員チェックアウトしました。再びホテルを満室にするために、支配人はどうすればよいでしょうか。

答は P191

問題の答

【問題1】 百分率 12.56%、歩合 1割2分5厘6毛

【問題2】 30.47%

【問題3】 $300+300\times0.05=315$円 　または$300\times1.05=315$円

【問題4】 $1-0.08=0.92$　$0.92x=2208$より$x=2208\div0.92=2400$円

【問題5】 36と48の最大公約数は12より、12グループ

【問題6】 $3-1=2, 5-3=2, 7-5=2$　であるので、$(3, 5, 7)$の最小公倍数より
2個少ないことから、$3\times5\times7-2=103$個
実際に$103\div3=34\cdots$（あまり）1
　　　$103\div5=20\cdots3$
　　　$103\div7=14\cdots5$となり題意を満たします。

【問題7】 $\begin{array}{r}3)\underline{3\ \ 6\ \ 7}\\1\ \ 2\ \ 7\end{array}$ より、最小公倍数は$3\times2\times7=42$。また$3-1=2, 6-4=2$,
$7-5=2$より黒豆の個数は、42の倍数よりも2個少なくなります。
50個より少ないこともわかっているため$42-2=40$個
実際に、$40\div3=13\cdots1, 40\div6=6\cdots4, 40\div7=5\cdots5$となり、題意を満たします。

【問題8】 2でふるいます（2より大きい2の倍数を除きます）

	2	3	4	5	6	7	8	9	10		2	3	5	7	9
11	12	13	14	15	16	17	18	19	20	11		13	15	17	19
21	22	23	24	25	26	27	28	29	30	21		23	25	27	29
31	32	33	34	35	36	37	38	39	40	31		33	35	37	39
41	42	43	44	45	46	47	48	49	50	41		43	45	47	49
51	52	53	54	55	56	57	58	59	60	51		53	55	57	59
61	62	63	64	65	66	67	68	69	70	61		63	65	67	69
71	72	73	74	75	76	77	78	79	80	71		73	75	77	79
81	82	83	84	85	86	87	88	89	90	81		83	85	87	89
91	92	93	94	95	96	97	98	99	100	91		93	95	97	99
101	102	103	104	105	106	107	108	109	110	101		103	105	107	109
111	112	113	114	115	116	117	118	119	120	111		113	115	117	119
121	122	123	124	125	126	127	128	129	130	121		123	125	127	129
131	132	133	134	135	136	137	138	139	140	131		133	135	137	139
141	142	143	144	145	146	147	148	149	150	141		143	145	147	149
151	152	153	154	155	156	157	158	159	160	151		153	155	157	159
161	162	163	164	165	166	167	168	169	170	161		163	165	167	169
171	172	173	174	175	176	177	178	179	180	171		173	175	177	179
181	182	183	184	185	186	187	188	189	190	181		183	185	187	189
191	192	193	194	195	196	197	198	199	200	191		193	195	197	199

$\Rightarrow$

3でふるいます（$3 \times 3, 3 \times 5, 3 \times 7, \cdots$ と奇数倍を除きます）

	2	3	5	7	9		2	3	5	7	9
11		13	15	17	19	11		13		17	19
21		23	25	27	29	21		23	25		29
31		33	35	37	39	31			35	37	
41		43	45	47	49	41		43		47	49
51		53	55	57	59	51			53	55		59
61		63	65	67	69	61			65	67	
71		73	75	77	79	71		73			77	79
81		83	85	87	89	81			83	85		89
91		93	95	97	99	91				95	97	
101		103	105	107	109	101		103		107	109
111		113	115	117	119	111			113	115		119
121		123	125	127	129	121				125	127	
131		133	135	137	139	131		133		137	139
141		143	145	147	149	141			143	145		149
151		153	155	157	159	151				155	157	
161		163	165	167	169	161		163		167	169
171		173	175	177	179	171			173	175		179
181		183	185	187	189	181				185	187	
191		193	195	197	199	191		193		197	199

$\Rightarrow$

5でふるいます（$5 \times 5, 5 \times 7, 5 \times 9, \cdots$ と奇数倍を除きます）

問題の答

	2	3	5	7			2	3	5	7	
11	13			17	19	11	13			17	19
		23	2̸5̸		29			23			29
31			3̸5̸	37		31				37	
41	43			47	49	41	43			47	49
		53	5̸5̸		59			53			59
61			6̸5̸	67		61				67	
71	73			77	79	71	73			77	79
		83	8̸5̸		89			83			89
91			9̸5̸	97		91				97	
101	103			107	109	101	103			107	109
		113	1̸1̸5̸		119			113			119
121			1̸2̸5̸	127		121				127	
131	133			137	139	131	133			137	139
		143	1̸4̸5̸		149			143			149
151			1̸5̸5̸	157		151				157	
161	163			167	169	161	163			167	169
		173	1̸7̸5̸		179			173			179
181			1̸8̸5̸	187		181				187	
191	193			197	199	191	193			197	199

$\Rightarrow$

7でふるいます（$7 \times 7, 7 \times 9, 7 \times 11, \cdots$と奇数倍を除きます）

	2	3	5	7			2	3	5	7	
11	13			17	19	11	13			17	19
		23			29			23			29
31				37		31				37	
41	43			47	4̸9̸	41	43			47	
		53			59			53			59
61				67		61				67	
71	73			7̸7̸	79	71	73				79
		83			89			83			89
9̸1̸				97						97	
101	103			107	109	101	103			107	109
		113			1̸1̸9̸			113			
121				127		121				127	
131	1̸3̸3̸			137	139	131				137	139
		143			149			143			149
151				157		151				157	
1̸6̸1̸	163			167	169		163			167	169
		173			179			173			179
181				187		181				187	
191	193			197	199	191	193			197	199

$\Rightarrow$

2〜200までの素数をエラトステネスのふるいで求めるには、2〜200の表を作り、上のふるいに続き、11でふるいます（11×11, $11 \times 13, 11 \times 15, 11 \times 17$と奇数倍を除きます）

	2	3	5	7				2	3	5	7	
11	13			17	19		11	13			17	19
	23				29			23				29
31				37			31				37	
41	43			47			41	43			47	
	53				59			53				59
61				67			61				67	
71	73				79		71	73				79
	83				89			83				89
				97		$\Rightarrow$					97	
101	103			107	109		101	103			107	109
	113							113				
121				127							127	
131				137	139		131				137	139
	143				149							149
151				157			151				157	
	163			167	169			163			167	169
	173				179			173				179
181				187			181					
191	193			197	199		191	193			197	199

13でふるいます（13 × 13, 13 × 15と奇数倍を除きます）

	2	3	5	7				2	3	5	7	
11	13			17	19		11	13			17	19
	23				29			23				29
31				37			31				37	
41	43			47			41	43			47	
	53				59			53				59
61				67			61				67	
71	73				79		71	73				79
	83				89			83				89
				97		$\Rightarrow$					97	
101	103			107	109		101	103			107	109
	113							113				
				127							127	
131				137	139		131				137	139
					149							149
151				157			151				157	
	163			167	169			163			167	
	173				179			173				179
181							181					
191	193			197	199		191	193			197	199

P24の結果として1〜100の素数に加え、素数は101, 103, 107, 109, 113, 127, 131, 137, 139, 149, 151, 157, 163, 167, 173, 179, 181, 191, 193, 197, 199　となります。

問題の答

【問題9】 $\frac{93}{70}\left(=1\frac{23}{70}\right)$

【問題10】 $\frac{101}{140}$

【問題11】 $\frac{8}{3}\left(=2\frac{2}{3}\right)$

【問題12】 （1）0.0045　　　　　（2）72.1　　　　　　（3）34
　　　　　（4）$5^{2+3}=5^5=3125$　（5）$3^{2+4+3}=3^9=19683$　（6）$a^{4-7+2}=a^{-1}=\frac{1}{a}$
　　　　　（7）$5^{6+2-7}=5$　　　（8）$5^{7-9+3}=5$　　　（9）$2^2 \times a^{3 \times 2}=4a^6$
　　　　　（10）$2x$　　　　　　（11）ab　　　　　　（12）$-32x^2y^2$
　　　　　（13）20　　　　　　 （14）0.9　　　　　　 （15）100

【問題13】 $(600 \div 4)=150$　起点と終点に植えるので+1　151本

【問題14】 $(260 \div 5)=52$　起点と終点に植えるので+1　両側なので$(52+1) \times 2$
　　　　　$=106$本

【問題15】 3と4の最小公倍数は12。したがって端から12mおきに立っている電柱は立て替えなくてよいことになります。$360 \div 12=30$本。両端にも電柱があるので、$30+1=31$本

【問題16】 10回赤札だったとすると、黒札は10回。得たお金の総額は$100 \times 10 - 40 \times 10=600$円。11回赤札だったとすると、黒札は9回。得たお金の総額は$100 \times 11 - 40 \times 9=740$円となり、赤札が1枚増え、黒札が1枚減るごとに得たお金の総額は$740-600=140$円増えます。
手元に880円あることから、$(880-600) \div 140=2$　$10+2=12$より、赤札は12回です。
$60 \div 5=12$枚…白黒の枚数　答は12枚

【問題17】 もし10個入りの箱に全て入れたら$10 \times 20=200$個　全体で2個足りなかったので$214+2=216$　$216-200=16$　これを12-10の差2で割ります。すなわち、$16 \div 2=8$より12個入りは8箱となります。

【問題18】 パー、チョキそれぞれ10回ずつ出したとすると、$5 \times 10 + 2 \times 10=70$段上ることになります。実際には76段上っていますから差の6段は

パーで上ったことになります。6÷(5−2)=2よりパーは10+2=12回
チョキは10−2=8回　したがってチョキで勝ったのは8回です。

【問題19】 全て三輪車だとすると3×16=48　48−41=7の差は輪の数の差だから、自転車7台、三輪車9台

【問題20】 全部オレンジクッキーを買ったとすれば60×12=720円
オレンジクッキーとクルミ入りビスケットの値段の差は20円だから
(720−580)÷20=7　したがって、クルミ入りビスケットを7枚買ったことになります。オレンジクッキーは12−7=5枚

【問題21】 60÷12=5秒…白黒で1枚コピーするのにかかる時間
60÷6=10秒…カラーで1枚コピーするのにかかる時間
10−5=5秒…カラーと白黒の1枚当たりの時間差
24×10=240秒…全部カラーだと仮定したときにかかる時間
240−3×60=60秒…全部カラーだとした仮定時間と実際にかかった時間との差　60÷5=12枚…白黒の枚数　答は12枚

【問題22】 解法1．t 時間後に出会うとします。$(24+3)t+(24-3)t=120$　$48t=120$より2.5時間　2時間半後に出会います。

解法2．川上と川下から舟が出発するので、川の流れの速さは相殺されます。したがって、120 kmを48 km/hの速さで進むときの時間を求めればよいことになります。
$$120÷48=2.5=2時間半後$$

【問題23】 新郎は川上から舟で行くので60 kmを行くのに、
$$60÷(18+4)=\frac{60}{22}時間=2時間\frac{16×60}{22}分=2時間43.6分$$
2時間43分以上かかり神社に到着するため、新郎の神社到着時間は、12時43分過ぎ。

新婦は川下から舟で20 km上るので、
$$20÷(18-4)=\frac{20}{14}時間=1時間\frac{6×60}{14}分=1時間25.7分$$
1時間26分弱かかって神社に到着することになります。
したがって12時43分より前に着くにはこの時間を差し引いて、11時

17分より前に出発すればよいことになります。

【問題24】桜子が食べ終わってから香が食べ終わるまでの間に、香は25個食べました。その間碧は46－36＝10個食べました。

最初に$3x$個のムール貝があったとします。食べ始めから桜子が食べ終わるまでに、香は$x-25$、碧は$x-46$食べていました。食べるペースは一定なので、$25:10=(x-25):(x-46)$　これより$10(x-25)=25(x-46)$　∴$3x=180$個

最初に大鍋に入っていたムール貝の個数は180個

【問題25】防塁作りの仕事を1とすると唐津藩は1日に$\frac{1}{25}$、今津藩は$\frac{1}{30}$、鍋島藩は$\frac{1}{15}$の仕事ができます。鍋島藩が防塁作りの仕事を離れたのはx日間だとすると、防塁作りをしたのは$(10-x)$日間です。

(25, 30, 15)の最小公倍数は150

$\frac{1}{25}=\frac{6}{150}, \frac{1}{30}=\frac{5}{150}, \frac{1}{15}=\frac{10}{150}$ですから

$$\left(\frac{6+5}{150}\right)\times x+\left(\frac{6+5+10}{150}\right)\times(10-x)=1$$

より、これを解いて$x=6$となります。　6日間

【問題26】1分間当たり八海山管では$\frac{1}{15}$、土佐鶴管では$\frac{1}{12}$ずつ焼酎が入り、百年孤独管から$\frac{1}{20}$ずつ焼酎が流れます。

$$\frac{1}{15}+\frac{1}{12}-\frac{1}{20}=\frac{4+5-3}{60}=\frac{6}{60}=\frac{1}{10}$$

$$1\div\frac{1}{10}=10$$

したがって、樽が焼酎で満杯になる時間は10分

【問題27】タンクの容積を$x\ell$、予定の時間をy分とすると

$$\begin{cases} x=60(y-10) \\ x=40(y+15) \end{cases}$$

より3000 ℓ

【問題28】41歳の王様がx年後に$41+x$歳。白雪姫は$5+x$歳。よって、4倍になるのは
$$(41+x)=4\times(5+x)$$
これより7年後

【問題29】35歳の母がx年後に$35+x$歳。x年後は子供がそれぞれ、$5+x, 3+x, 1+x$歳になります。したがって、$(35+x)\times\dfrac{1}{3}=(5+x+3+x+1+x)$
これより1年後

【問題30】xカ月後だとします。$2560+32x=2(620+60x)$ これを解いて$x=15$
よって、15カ月後

【問題31】バッグの原価をx円とすると、
$$4400\times0.8-x=0.1x$$
より、バッグの原価$x=3200$円

【問題32】チューリップとマーガレットの仕入れ値をそれぞれx, y円とします。
$$\begin{cases} x+y=3500 \\ 0.2x-0.1y=250 \end{cases}$$
より、$x=2000, y=1500$となり、
チューリップとマーガレットの仕入れ値はそれぞれ2000円、1500円

【問題33】$M\times(12-9)+(M-2)\times\left\{\left(16+\dfrac{18}{60}\right)-\left(12+\dfrac{30}{60}\right)\right\}=23$

これを解いて、$M=4.5$

したがって、最初に歩いた速度は、毎時4.5 km

【問題34】$(30+20)\times50=2500$ m $=2.5$ km

【問題35】$120\times\dfrac{3}{4}\times1000\div225=400$分 $=6$時間40分

【問題36】塩の総量は、$200\times\dfrac{10}{100}+300\times\dfrac{15}{100}=65$ gであるから、

求める食塩水の濃度は、$\dfrac{65}{500}=0.13=13\%$

【問題37】 $\dfrac{0.05 \times 60}{60+x} = 0.04$ より $x = 15$ g

【問題38】 $20 + 480 = 500$　$20 \div 500 \times 100 = 4\%$

【問題39】 長針が12時から動き出してできる角度を$x°$とすると、そのとき短針は、10時を起点として$\dfrac{1}{12}x°$だけ動くので、

12時から長針までの角度＋12時から短針までの角度＝180°

となる角度$x°$を求めればよいことになります。10時と12時の角度は60°

$$x + \left(60 - \dfrac{1}{12}x\right) = 180$$

$$\dfrac{11}{12}x = 120$$

$$\therefore x = \dfrac{12}{11} \times 120°$$

$1° = \dfrac{60}{360}$分ですから

$$\dfrac{12}{11} \times 120 \times \dfrac{60}{360}\text{分} = \dfrac{240}{11}\text{分}$$

求める時間は10時$21\dfrac{9}{11}$分

【問題40】 長針が12時から動き出してできる角度を$x°$とすると、そのとき短針は$\dfrac{1}{12}x°$だけ動くので、

12時から長針までの角度＋12時から短針までの角度＝360°

となる角度$x°$を求めればよいわけです。

$$x + \left(60 - \dfrac{1}{12}x\right) = 360$$

$$\dfrac{11}{12}x = 300$$

$$\therefore x = \dfrac{12}{11} \times 300°$$

$1° = \dfrac{60}{360}$分ですから、

$$\frac{12}{11} \times 300 \times \frac{60}{360} \text{分} = 54\frac{6}{11} \text{分}$$

求める時間は10時$54\frac{6}{11}$分

【問題41】長針が12時から動き出してできる角度を$x°$とすると、短針は8時を起点として$\frac{1}{12}x°$だけ動きます。8時と12時の角度は120°。したがって

$$L = x°$$

$$S = 120° - \frac{1}{12}x°$$

とするとL=Sとなる角度$x°$を求めればよいわけです。

$$x = 120 - \frac{1}{12}x$$

$$\frac{13}{12}x = 120$$

$$\therefore x = \frac{12}{13} \times 120°$$

すると、$1° = \frac{60}{360}$分ですから

$$\frac{12}{13} \times 120 \times \frac{60}{360} \text{分} = 18\frac{6}{13} \text{分}$$

求める時間は8時$18\frac{6}{13}$分

【問題42】$(11110)_2$

【問題43】2^0の位 つまり 1の位が1ですから奇数です

【問題44】3

【問題45】2

【問題46】三角形DBFは正三角形となることから3

【問題47】

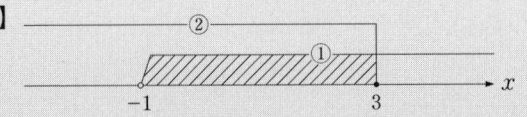

【問題48】$3x = 10 - 4$　$3x = 6$　したがって　$x = 2$

【問題49】 両辺を3で割って　$2x+3=-1$　$2x=-4$　よって　$x=-2$

【問題50】 $a(x-4)(x+2)$

【問題51】 $-2a(y+2)(y-1)$

【問題52】 $(x, y)=(5, -3)$

【問題53】 $(x, y)=(-7, -13)$

【問題54】 わかっている条件・事実で方程式を作ります。カラスを x 羽、ウサギを y 羽とします。カラスの足は2本、ウサギは4本です。

$$\begin{cases} x+y=42 より、y=42-x & \cdots\cdots①\\ 2x=4y-12 & \cdots\cdots② \end{cases}$$

①を②に代入し、$2x=4(42-x)-12$

これを解くと $x=26$（羽）　$42-26=16$　よって、ウサギは16羽

【問題55】 日本に現在ある金種の合計は、$1+5+10+50+100+500+1000+2000+5000+10000=18666$ 円

$7300<5000+2000+500=7500$ より、500円、2000円、5000円の3種

おつりは、$7500-7300=200$ 円です。一番高いノートの代金を x 円とすると、

$x+0.05x<200$

$x<\dfrac{200}{1.05}$

$x<190+\dfrac{10}{21}$

ノートの代金190円に外税5％を加算すると、

$190+190\times0.05=199.5≒200$ 円となり、おつりは0円

したがって、財布の1円玉の合計は1円

【問題56】 $3\left(\dfrac{3}{5}+2\right)-\left(\dfrac{3}{5}\times3+2\right)=4$　答 4

【問題57】 $3\left(\dfrac{3}{4}+3\right)-\left(\dfrac{3}{4}\times2-3\right)=12.75$　答 13

【問題58】 もとの数の十の位を x、一の位を y とします。

$$2x = y+1$$
$$10y + x = 10x + y + 36$$
これより、もとの数は59

【問題59】$x>0$のとき、両辺に$\frac{x}{3}>0$をかけても不等式の向きは同じであるため$\frac{4x}{9}<-1$

したがって、$x<-\frac{9}{4}$より、最も大きい整数は-3ですが、正の整数ではないので解なし。

$x<0$のとき、両辺に$\frac{x}{3}<0$をかけると不等号は反対向きとなり

$\frac{4x}{9}>-1$

$x>-\frac{9}{4}$より、最も大きい整数は-1

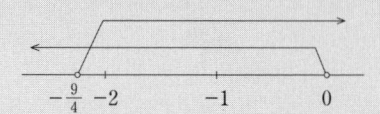

【問題60】$x>0$のとき、両辺に$\frac{x}{3}>0$をかけて$\frac{4x}{9}<-1$

したがって、$x<-\frac{9}{4}$より、最も小さい整数はありません。

$x<0$のとき、両辺に$\frac{x}{3}<0$をかけて$\frac{4x}{9}>-1$

したがって、$x>-\frac{9}{4}$より、最も小さい整数は-2。

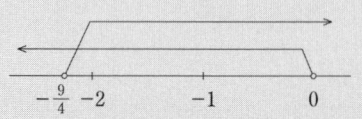

【問題61】1, 1, 2, 3, 5, 8, 13, 21, 34, …となるので、第9項は34

【問題62】タイルの枚数を回数ごとに求めると、

　　　　1回目：1

　　　　2回目：1+4=5

　　　　　3回目：1＋4＋8＝13

　　　　　4回目：1＋4＋8＋12＝25

　　　　　5回目：1＋4＋8＋12＋16＝41

　　　ですから、求めるタイルの枚数は41＋2＝43枚

【問題63】（1）N列目には$N+2$個の席があります。

　　　　（2）列数と席の数は、

　　　　　　　　1列：3

　　　　　　　　2列：3＋4＝7

　　　　　　　　3列：7＋5＝12

　　　　　　　　4列：12＋6＝18

　　　　　　　　5列：18＋7＝25

　　　　　　　　6列：25＋8＝33

　　　　　　　　7列：33＋9＝42

　　　　　　となります。40人を座らせるには、最低7列必要です。7列目には9人が座れますが、42名ではなく全部で40名ですから2人分余ります。したがって7列目は、7人が座ることになります。

【問題64】

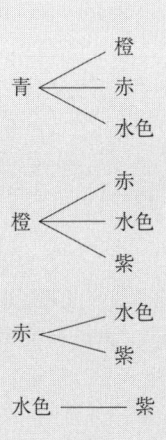

青　┬─ 橙
　　├─ 赤
　　└─ 水色

橙　┬─ 赤
　　├─ 水色
　　└─ 紫

赤　┬─ 水色
　　└─ 紫

水色 ─── 紫

　　　　より、3＋3＋2＋1＝9通り

【問題65】孫が先頭のときは、残りの2人と2匹あわせて4人（匹）の並べ替

えの総数となりますから、

$4 \times 3 \times 2 \times 1 = 24$通り

最初が孫で、最後は猫、猫の前は猫の大好きなおばあさんと決まっているときは、残りの犬とおじいさんの並べ替えの総数となり、

$2 \times 1 = 2$通り

【問題66】（1）
$$\begin{array}{r} \boxed{2}7\,3 \\ \times4\,\boxed{2} \\ \hline 5\,\boxed{4}\,6 \\ \boxed{1}0\,9\,2 \\ \hline \boxed{1}\boxed{1}4\,6\,6 \end{array}$$

（2）
$$\begin{array}{r} \boxed{2}3\,7 \\ \times\boxed{5}\,4 \\ \hline 9\,\boxed{4}\,8 \\ \boxed{1}1\,8\,5 \\ \hline \boxed{1}2\,7\,\boxed{9}\,8 \end{array}$$

【問題67】 $\dfrac{1}{\Box} + \dfrac{5}{\Box} + \dfrac{7}{\Box} + \dfrac{9}{\Box} = 11$ $\dfrac{1+5+7+9}{\Box} = \dfrac{22}{\Box} = 11$より　2

【問題68】（1）

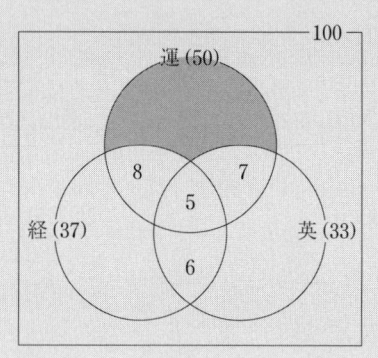

$50 - (13-5) - (12-5) - 5 = 30$人

（2）

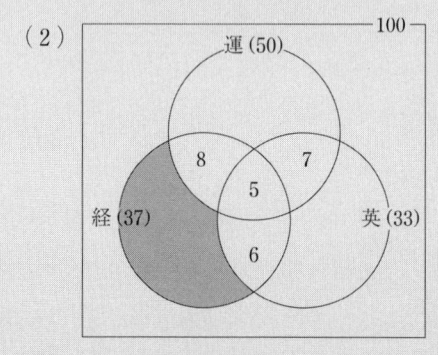

$37-(13-5)-(11-5)-5=18$ 人

(3)

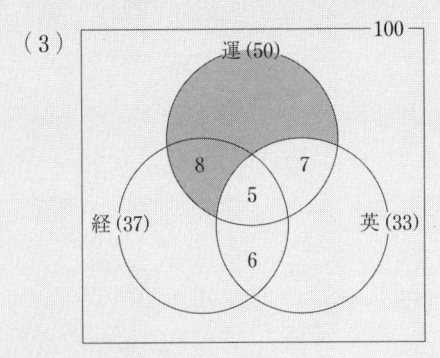

運(50)
経(37)　英(33)
8　7
5
6
100

$50-12=38$ 人

(4) 経済学と英語の2講座だけを受講し、運動生理学は受講していない大学生

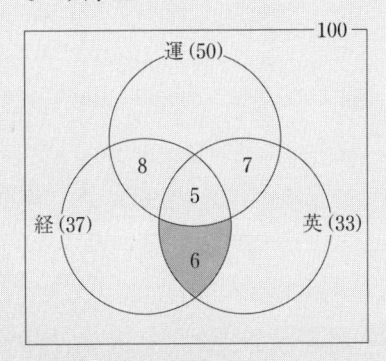

運(50)
経(37)　英(33)
8　7
5
6
100

$11-5=6$ 人

【問題69】(1) ある薬は副作用がない

(2) 逆:「日本人 または アメリカ人ならば、人間である」 真の命題

裏:「人間でないならば、日本人でない かつ アメリカ人でない」 真の命題

対偶:「日本人でない かつ アメリカ人でないならば、人間でない」 偽の命題

【問題70】真実を○、偽りを×とします。手がかりから

	ウサギ	タヌキ	カメ
1位			×
2位		×	×
3位			

より、カメは3位、2位はウサギと決まります。したがってタヌキは1位です。

【問題71】もしヘンゼルが真実を述べているとすると、「嘘をついているグレーテルが保険に入っている」。これはグレーテルの発言が嘘であることに矛盾しません。もしヘンゼルが嘘を述べていれば「嘘をついている人は保険に入っている」の否定ですから、「嘘をついている人は保険に入っていない」となり、これはグレーテルの発言と矛盾しません。いずれにせよヘンゼルは保険に入っておらず、グレーテルが入っていることになります。

【問題72】5人が1つに並ぶには、最初の1人は5人の中から選ぶので5通り、2番目は残りの4人から選ぶので4通り、と考え、$5×4×3×2×1$通りです。そのうち特定の2人が並ぶ並び方は、碧ちゃんと緑ちゃんを1組と考え全部で4人の組み合わせと考えれば$4×3×2×1$通りあります。碧ちゃんが前、緑ちゃんが後ろになるセットと、逆に緑ちゃんが前、碧ちゃんが後ろになるセットの2通りがあることから、$(4×3×2×1)×2$通り。したがって $\frac{4×3×2×1×2}{5×4×3×2×1} = \frac{2}{5}$

【問題73】母音となるのはa, e。5文字の並べ方は全部で$5×4×3×2×1$通り。母音となるa, eのうち、aが最初にきて、最後にeがくる並べ方は、残りの3文字の並び方ですから$3×2×1$通り。eが最初にきて、最後にaがくる並べ方は、残りの3文字の並び方ですから$3×2×1$通り。したがって、両端が母音となる確率は $\frac{2×3×2×1}{5×4×3×2×1} = \frac{1}{10}$

【問題74】 a が f の右にくる確率と左にくる確率は全く同じであることから $\frac{1}{2}$

【問題75】 和は偶数になるか奇数になるかしかありませんので $\frac{1}{2}$。誰が投げても和は偶数か奇数ですので $\frac{1}{2}$

【問題76】 2つのさいころが出る目は (偶数, 偶数), (偶数, 奇数), (奇数, 偶数), (奇数, 奇数) この中で積が奇数となるのは (奇数, 奇数) の場合だけであることから偶数となるのは $\frac{3}{4}$

【問題77】 心君が少なくとも1回勝つのは、全体の1から4回とも負ける確率を引けばよいことになります。4回とも負けるのは $\left(\frac{2}{5}\right)^4$ したがって、少なくとも1回勝つのは $1-\left(\frac{2}{5}\right)^4 = \frac{609}{625}$

【問題78】 (一郎, 大輔) のさいころの目は条件アより (2, 1), (4, 2), (6, 3) が考えられますが、(4, 2), (6, 3) であれば2人の目の和は6および9となり条件イと矛盾します。一方 (2, 1) であれば 2+1=3 ですから整合します。したがって、一郎2、大輔1、拓也3

【問題79】 (一郎, 大輔) のさいころの目は条件アより (2, 1), (4, 2), (6, 3) が考えられますが、条件イにより (6, 3) が残ります。したがって、一郎6、大輔3、拓也4

【問題80】 (一郎, 大輔) のさいころの目は条件アより (2, 1), (4, 2), (6, 3) が考えられますが、条件イにより残るのは (一郎, 大輔, 拓也) = (6, 3, 4) の場合です。

【問題81】 グーを G、チョキを C、パーを P とすると、GCC, GGP, PCP であれば1回目で勝者が決まります。
3人のうち誰が勝者になってもよいため、それぞれ3通りです。
$GCC \times 3, GGP \times 3, PCP \times 3$、つまり9通りの勝者の決まり方があります。
一方、グー、チョキ、パーの出し方は $3 \times 3 \times 3 = 27$ 通りあることから $\frac{9}{27} = \frac{1}{3}$ すなわち、1回目で1人の勝者が決まるのは $\frac{1}{3}$ です。

【問題82】 出口は全部で 8 個あり、どの分岐点でも同じ割合で二手に分かれるので$1000÷8=125$人

【問題83】 $80×0.6×3+80×0.4×0.25×2=144+16=160$（個）

【問題84】 $48×\frac{3}{8}=18$（人）

【問題85】 電車とバスに注目します。電車だけ使うのは$77-32=45$人、バスだけ使うのは$45-32=13$人　$100-(45+32+13)=10$人が電車もバスも使わない人数です。

電車と自転車に注目します。$77-48=29$人が電車も自転車も使う学生、したがって、$33-29=4$人が自転車利用するものの電車を利用しない学生です。

$45+25+33-100=3$人がバスと自転車の両方を使う学生、したがってどちらか一方を利用するのは$(45-3)+(33-3)=72$人

【問題86】 $(28+34+12)-50=24$人

【問題87】

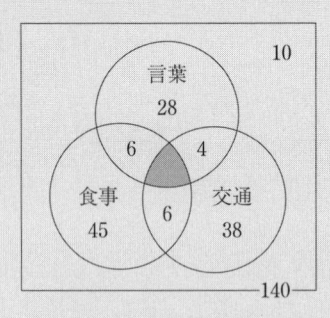

（1）図より色ぬり部分を求めることになります。$140-(28+45+38+10+6+6+4)=3$人

（2）$45+6+6+3=60$人

（3）3つのどれにも困らなかった人は10人ですから、$140-10=130$人

（4）$6+6+4+3=19$人

【問題88】 （1）$8+(4+4+3)+(2+3)=24$人

(2) $\dfrac{0\times3+1\times8+2\times12+3\times14+4\times8+5\times5}{50}$

$=\dfrac{131}{50}=2.62$点

【問題89】

	2000年		2006年	
	人数	割合（％）	人数	割合（％）
$175\leqq x<180$	6	6.0	6	5.0
$170\leqq x<175$	12	12.0	18	15.0
$165\leqq x<170$	34	34.0	42	35.0
$160\leqq x<165$	20	20.0	24	20.0
$155\leqq x<160$	15	15.0	18	15.0
$150\leqq x<155$	10	10.0	9	7.5
150未満	3	3.0	3	2.5
合計	100	100.0	120	100.0

【問題90】 2号室の宿泊者は4号室に、4号室の宿泊者は6号室に、……、$2n$号室の宿泊者は$2(n+1)$号室に、と偶数番号のダブルベッドの客に順次部屋を移ってもらえば2号室が空きますので、1組の新婚さんが泊まることが可能になります。

100組到着のときは2号室の宿泊者は202号室に、4号室の宿泊者は204号室に、……、$2n$号室の宿泊者は$2(n+100)$号室に、と順次移ってもらえば2～200号室のうち偶数番号の100室が空くこととなり、新しい100組の新婚さんの宿泊が可能となります。めでたし、めでたし。

【問題91】 2号室の宿泊者は1号室に、4号室の宿泊者は2号室に、……、$2n$号室の宿泊者はn号室に、と順次部屋を移ってもらえば、全ての部屋が満室となります。

著者紹介

小林 敬子（こばやし けいこ）

現在、日本女子体育大学体育学部教授。1948年福岡生まれ。九州大学理学部数学科修士課程修了。
著書『基礎統計学』（学術出版社）、『多変量解析実例ハンドブック』（朝倉書店）部分執筆、『和布歌―こどもの語感を育む日本人の心の童謡』（学事出版）

松原 望（まつばら のぞむ）

現在、聖学院大学大学院教授・東京大学名誉教授。1942年東京生まれ。東京大学教養学部卒業、統計数理研究所入所、スタンフォード大学大学院博士課程修了。筑波大学社会工学系助教授、エール大学政治学部客員研究員、東京大学教養学部教授、東京大学大学院総合文化研究科教授、東京大学大学院新領域創成科学研究科教授、上智大学外国語学部教授を経て、2008年から現職。
著書『計量社会科学』（東京大学出版会）、『わかりやすい統計学』（丸善）、『意思決定の基礎』（朝倉書店）、『社会を読みとく数理トレーニング』（東京大学出版会）、『入門確率過程』（東京図書）、『社会を読み解く数学』（ベレ出版）ほか

数学の基本 やりなおしテキスト

2007年10月25日	初版発行
2025年 4月24日	第13刷発行

著者	小林 敬子・松原 望
カバーデザイン	中濱 健治

©Keiko Kobayashi・Nozomu Matsubara 2007, Printed in Japan

発行者	内田 眞吾
発行・発売	ベレ出版
	〒162-0832 東京都新宿区岩戸町12 レベッカビル TEL.03-5225-4790　FAX.03-5225-4795 ホームページ　http://www.beret.co.jp/ 振替　00180-7-104058
印刷	モリモト印刷株式会社
製本	根本製本株式会社

落丁本・乱丁本は小社編集部あてにお送りください。送料小社負担にてお取り替えします。

ISBN978-4-86064-167-2 C2041　　　　　編集担当　安達 正